本书受西北农林科技大学经济管理学院资助出版

资本禀赋、政府支持对农户水土保持技术采用行为的影响研究

——基于黄土高原区农户的调查

黄晓慧　王礼力　著

U0246076

中国农业出版社

北 京

本书得到以下课题资助：

国家自然科学基金面上项目"集体行动对农户水土保持关联技术采用行为影响机制研究——以黄土高原区为例"（编号：71673223），主持人：陆迁教授。

　　我国是世界上水土流失最严重的国家之一，黄土高原是我国水土流失最严重的地区之一。黄土高原地区水土流失非常严重，对农业生产和国民经济的可持续发展造成了严重的影响，水土流失的危害是多方面和深远的，甚至可能是不可逆的。实践表明，水土保持技术不仅可以提高作物产量，同时能够改善农户生产和生活环境，还能够改善生态环境。因此，在水土流失严重的黄土高原区推广水土保持技术，对于提升土地的生产能力、减少洪涝等灾害的发生，实现生态环境和经济环境协调发展，具有重要的战略意义。农户是水土保持技术的终端采用者，其采用行为不仅有利于降低单位生产成本，还可以获得增产增收回报，同时提供了具有正外部性的环境产品。然而，当前农业生产中，农户采用水土保持技术行为的动力不足，能力不强，采用率不高，使得水土保持技术的经济效益、社会效益和生态效益未能充分发挥。农户的技术采用行为主要受到农户本身及其环境两大因素的影响，资本禀赋和政府支持作为农户自身及其环境的两个重要方面，在农户水土保持技术采用行为中发挥着重要的作用。一方面，资本禀赋作为家庭成员及整个家庭所拥有的资源和能力对于个人行为的选择和决策具有显著的影响。农户行为通常会面临着一定的资本禀赋约束，农户在进行决策的过程中必须考虑其自身和家庭的资本禀赋状况，如果自身资本禀赋不足，农户可能就不会采用水土保持技术，因此会表现出较低的采用行为。另一方面，由于水土保持技术是一项具有正外部性的技术，水土保持技术不仅能够给农户带来经济效应，同时能够给农户自身和社会带来生态效应，而且有些水土保持技术投资比较大，因此，需要政府对具有良好性能的水土保持技术进行有效的推广、宣传、投资、组织与补贴，激励农户采用水土保持技术，以达到治理水土流失的目的。此外，农户在根据自身的资本禀赋做出决策的同时，会根据政府支持政策对其行为进行调整。那么，在我国现行制度下，资本禀赋对农户水土保持技术采用行为有何影响？政府支持对农户水土保持技术采用行为有何影响？资本禀赋和政府支持政策之间存在何种关联关系？水土保持技术具有怎样的效应？本研究旨在解答上述问题。

因此，本书基于资本禀赋和政府支持双重视角，在对国内外相关文献系统地综述的基础上，基于农业技术采用行为理论、可持续生计理论、外部性理论、公共产品理论、生态补偿理论等相关理论，展开以下系列的研究。首先，梳理了黄土高原区水土流失治理进展，根据实地调研数据对样本农户的情况进行描述。其次，构建资本禀赋与政府支持指标体系，运用熵值法对资本禀赋进行测度，运用加权平均法对政府支持进行测度。再次，运用 Order Probit 模型、双变量 Probit 模型、二元 Logistic 模型、Heckman 样本选择模型、二元 Probit 模型等计量模型分别实证分析资本禀赋与政府支持对农户水土保持技术认知、农户水土保持技术采用决策、农户水土保持技术选择、农户水土保持技术采用程度、农户水土保持技术持续采用的影响，利用内生转换模型考察了农户水土保持技术采用的经济效应，利用 Order Probit 模型考察了农户水土保持技术采用的生态效应，利用调节效应模型探究了资本禀赋与农户水土保持技术采用行为关系中政府支持的调节作用。最后，提出对策建议。

本书的相关研究内容如下：

第一篇，绪论。从黄土高原地区水土流失严重影响农业生产等角度对研究背景进行了介绍，提出了本书旨在达到的目标，明确了本书的意义。其次，对国内外关于农业技术采用、资本禀赋和政府支持的相关文献进行了梳理，并进行简要评述，为本书奠定了研究基础。接着，介绍了本书的研究思路，绘制了本书的技术路线。然后介绍了每一篇所要研究的内容，以及每一篇所用到的计量经济模型和方法。最后，指出了本书可能存在的创新之处。

第二篇，概念界定与理论分析。首先，对水土保持技术、水土保持技术采用行为、农户资本禀赋、政府支持等本书所涉及的核心研究概念进行了界定和阐释。其次，对农业技术采用行为理论、可持续生计能力理论、外部性理论、公共产品理论、生态补偿政策理论进行了梳理，奠定本书的理论基础。最后，在相关概念和理论分析的基础上，阐述资本禀赋与政府支持影响农户水土保持技术采用行为的机理。

第三篇，黄土高原区农户水土保持技术采用现状分析。首先，从宏观角度分析黄土高原地区水土流失现状和危害。其次，对黄土高原地区水土流失治理过程进行梳理。再次，介绍本书的数据来源、问卷设计、抽样过程。然后利用黄土高原地区陕西、甘肃和宁夏两省一区获取的农户数据，描述统计样本农户的情况。最后，发现存在的现实问题。

第四篇，资本禀赋与政府支持的测度与解析。基于科学性、系统性和全面性的原则，构建表征资本禀赋的指标体系，用熵值法，以农户调查资料为数据，对农户资本禀赋及其构成维度进行测度，比较水土保持技术采用户和非采用户资本禀赋之间的差异。从政府投资、政府技术推广、政府宣传、政府组织和政府生态补贴5个方面对政府支持进行表征，运用加权平均法，以农户调查资料为数据，对政府支持进行测度，并比较水土保持技术采用户和非采用户接受政府支持的差异。

第五篇，资本禀赋和政府支持对农户水土保持技术认知的影响分析。首先，通过梳理相关文献，将农户水土保持技术认知分为增产价值认知、增收价值认知和生态环境改善价值认知，根据调研数据，了解农户对于水土保持技术认知的情况。其次，从理论上阐明资本禀赋和政府支持对农户水土保持技术认知的影响机理，然后利用农户调查数据，采用 Ordinal Probit 模型进行实证分析，考察资本禀赋与政府支持对农户水土保持技术认知（增产认知、增收认知和生态环境改善认知）的影响。

第六篇，资本禀赋和政府支持对农户水土保持技术采用决策的影响分析。首先，从理论上阐明资本禀赋和政府支持对农户水土保持技术采用决策的影响机理，由于认知影响行为，在研究资本禀赋和政府支持对农户水土保持技术采用决策的影响的同时，需要考虑农户技术认知的中介效应，因此，采用双变量 Probit 模型研究该问题。并利用调节效应模型，考察政府支持对资本禀赋影响农户水土保持技术采用决策的调节效应。

第七篇，资本禀赋与政府支持对农户水土保持技术实际采用的影响分析。水土保持技术包括工程技术、生物技术、耕作技术，农户在实际采用的过程中会涉及技术选择和采用程度的问题。因此，运用二元 logistic 回归模型实证分析资本禀赋与政府支持对农户水土保持技术选择的影响效应。运用 Heckman 样本选择模型，实证分析资本禀赋与政府支持对农户水土保持技术采用程度的影响效应。并利用调节效应模型，考察政府支持对资本禀赋影响农户水土保持技术选择和采用程度的调节效应。最后，进行稳健性检验。

第八篇，资本禀赋与政府支持对农户水土保持技术持续采用的影响。首先，从理论上阐明资本禀赋和政府支持对农户水土保持技术持续采用的影响机理。其次，利用农户调查数据，采用二元 Probit 模型进行实证分析，考察资本禀赋与政府支持对农户水土保持技术持续采用的影响效应。

第九篇，农户水土保持技术采用的效应分析。借鉴农业技术采用对农业产出、生态效应影响的相关理论与方法，利用内生转换模型对水土保持技术采用的经济效应以及平均处理效应进行实证分析。利用 PSM 进行稳健性检验。采用 Ordinal Probit 模型对水土保持技术采用的生态效应进行实证分析。

第十篇，研究结论与政策建议。首先，总结本书各部分研究内容所得出的主要结论。其次，从重视宣传教育、增强农户水土保持意识，提高农户的资本禀赋，完善政府支持政策等方面提出相关的政策建议。最后，对本研究所用的数据和研究方法的局限进行了说明，同时提出了将来的研究重点内容。

本书的写作特点如下。

1. 本研究注重水土保持技术采用特性（技术外部属性、准公共物品、关联采用）与资本禀赋和政府支持研究理论的结合，以此来研究和解决黄土高原区水土保持技术采用行为理论与实践问题，突出研究结果的可操作性。

2. 本研究注重部分与整体统一的分析思路，构建农户采用水土保持技术行为系统分析框架。前人文献一般仅对农户采用新技术行为的某个阶段进行分析，本书区别于已有将技术采用作为一个整体观察、分析和研究的思想，对农户新技术采用行为的全过程，即技术认知、采用决策行为、技术选择、采用程度、持续采用以及采用效应全过程的每个阶段的影响因素进行了系统的分析。基于采用过程考察资本禀赋和政府支持对农户水土保持技术认知、采用决策行为、技术选择、采用程度、持续采用、采用效应的作用机制。

3. 本研究构建了"资本禀赋、政府支持——农户水土保持技术采用行为"的理论分析框架。通过文献检索可知，在已有分析农户农业技术采用行为的影响因素时，尽管不同研究人员考虑的因素有所差异，因素有多有寡，但往往是以农户为主体，笼统设计一组相关影响因素。本研究首先假定农户对农业技术的预期利润最大化为行为决策基础，形成农户农业技术采用行为的经济学机理；接着构建一个农户农业技术采用行为的理论分析构架，结合农业生产实际和理论分析，分类设计了农户水土保持技术采用行为的影响因素，从农户资本禀赋、政府支持两个方面分别设计影响因素，分别分析资本禀赋（自然资本禀赋、物质资本禀赋、人力资本禀赋、社会资本禀赋、金融资本禀赋）、政府支持（政府宣传、政府推广、政府组织、政府投资、政府补贴）等各因素与农户水土保持技术采用行为之间的内在关系，从而深入探讨农户对水土保持技术的行为响应机理，有利于农户农业技术采用行为的深入研究。在田野调查研究基础上，探索资本禀赋和政府支持影响农户水土保持技术采用行为的互动关系，可望在互动机制的研究上实现创新。此外，力求在资本禀赋和政府支持框架下技术认知模型构建、技术采用模型构建、采用效果检验等方面有所创新。

CONTENTS **目　录**

第九篇　农户水土保持技术采用效应分析

第十篇　研究结论与政策建议

第一篇

绪　　论

第一章 研究背景

一、黄土高原区水土流失严重

我国是世界上水土流失严重的国家之一。我国因水土流失而损失的耕地平均每年约 100 万亩*，每年平均土壤侵蚀总量超过 50 亿吨，土壤中所含有的钾肥、磷肥、氮肥大量流失，高达 4 000 万吨，这个数字相当于我国一年施用的化肥数量，造成 20 多亿元的经济损失（戚艳萍等，2013），相当于我国 GDP 总量 3.5%（新华社，2010）。由于特殊的自然地理和社会经济条件，黄土高原地区成为我国水土流失最严重的地区。黄土高原地区总面积 64 万平方千米，然而水土流失面积达到 45.4 万平方千米，每年进入黄河的泥沙多达 16 亿吨，可见水土流失面积大且严重（张改战等，2018）。关于水土流失的成因可概括为自然因素和人为因素两大类。我国自实行家庭联产承包责任制以来，农户成为独立的农业生产经营者，其农业活动集中体现在对土地的利用方式中，农户不合理的土地利用方式和不适当的农业实践活动，加剧了水土流失发生的强度和频率，使水土流失成为我国三大生态灾害之一（苗建青，2011），对农业生产和国民经济的可持续发展造成了严重的影响，水土流失的影响是多方面和深远的，甚至可能是不可逆的。

---

* 亩为非法定计量单位，1 亩＝1/15 公顷。

二、水土流失严重影响农业生产

气候、水、土壤是决定农业生产的基本自然要素（冯晓龙，2017）。农业部门对水土流失变化非常敏感。水土流失能够破坏地面完整，使地形变得崎岖；能够流失土壤中的肥力，造成土地硬石化、沙化和土地经济生产力下降；能够淤积河道、湖泊、水库，造成水资源短缺及污染；能够引发干旱和洪涝灾害，造成气候失调；能够恶化农村生活条件，这一系列的影响改变了农业生产所需的气候、水、土壤等基本自然要素，对农业生产形成全方位、多层次影响。严重威胁我国粮食安全、饮水安全、防洪安全和生态安全（王锋，2015）。

三、水土保持技术是应对水土流失的主要措施

水土流失的危害十分严重，是黄土高原地区头号的生态环境问题。因此，预防和治理水土流失，实施水土保持，是当前唯一的选择。耕作、生物和工程类水土保持技术能够提高作物产量和土地生产力，经济效益明显，同时具有改善农户生产和生活环境这样的社会效益，还具有治理水土流失改善生态环境这样的生态效益（钱浩等，2019；张春萍，2011；李敏等，2019），因此，水土保持技术已成为黄土高原地区应对水土流失的主要措施。因此，在水土流失严重的黄土高原区推广和实施水土保持技术，对于改变该区域农户不合理的土地利用方式和不适当的农业生产实践活动、缓解水土流失、提升当地农村土地的生产能力、减少洪涝等灾害的发生、提升河道抗洪的能力、改善水的质量、改善生态环境问题，实现生态环境和经济环境协调发展的目标，具有重要的战略意义（张玲，2018）。

为应对日益严峻的水土流失问题，我国多年来的中央 1 号文件都提出治理水土流失。2016 年我国中央 1 号文件提出"实施全国水土保持规划"和"推进荒漠化、石漠化、水土流失综合治理"。2017 年我国中央 1 号文件提出"加快新一轮退耕还林还草工程实施进度"和"加强重点区域水土流失综合治理和水生态修复治理"。2018 年我国中央 1 号文件提出"开展国土绿化

行动，推进荒漠化、石漠化、水土流失综合治理"和"扩大退耕还林还草、退牧还草，建立成果巩固长效机制"。2019 年我国中央 1 号文件提出"推进荒漠化、石漠化、坡耕地水土流失综合治理和土壤污染防治""扩大退耕还林还草"。可见，国家非常重视水土流失的治理。

四、资本禀赋和政府支持在农户采用水土保持技术中扮演重要角色

农户是农业水土资源的消费主体，也是对水土流失后果感受最为直接和深刻的第一群体，同时又是水土流失治理和水土保持技术采纳的主体。水土保持技术是和农户的生产经营行为交织在一起的，很大程度上需要在农户的土地上实现。如果没有农户的积极采纳，水土流失就得不到很好的治理，生态环境也不可能得到改善。因此，农户是否采用水土保持技术对水土流失治理效果起到关键的作用（张芬昀等，2011）。农户的水土保持技术采用行为不仅有利于降低单位生产成本，还可能在未来获得增产增收回报，同时提供了具有正外部性的环境产品。然而，当前农业生产中，水土流失治理效果不理想，其中一个重要的原因是在实际农业生产过程中，农户采用水土保持技术行为的动力不足，能力不强，并没有广泛采用水土保持技术，采用率不高，使得水土保持技术的经济效益、社会效益和生态效益未能充分发挥，严重制约了农业供给侧结构性改革（上官周平等，2006；刘可等，2019）。因此，在此背景下，有必要研究是什么因素造成农户采用水土保持技术行为的动力不足，能力不强，采用率不高。

相关研究表明农户的技术采用行为主要受到农民本身及其环境两大因素的影响（高启杰，2000），资本禀赋和政府支持作为农户自身及其环境的两个重要方面，在农户水土保持技术采用行为中发挥着重要作用。一方面，资本禀赋作为家庭成员及整个家庭所拥有的资源和能力（人力资本、社会资本、自然资本、金融资本和物质资本）对于个人行为的选择和决策具有显著的影响（石智雷等，2012）。农户采用水土保持技术是一种投资行为，在应对水土流失外部冲击时，农户会理性地根据家庭拥有的资本禀赋水平对农业生产经营活动进行调整，进而影响着农户水土保持技术采用行为（邝佛缘

等，2017）。事实上，农户行为通常会面临着一定的资本禀赋约束，农户在进行决策的过程中必须考虑其自身和家庭的资本禀赋状况，如果自身资本禀赋不足，农户可能就不会采用水土保持技术，因此会表现出较低的采用行为（张童朝等，2017）。另一方面，由于水土保持是一项具有正外部性的技术，水土保持技术不仅能够给农户带来经济效应，同时能够给农户自身和社会带来社会和生态效应，而且有些水土保持技术投资比较大，为此，政府必须作出重大努力来支持农户采用水土保持技术（Kassie 等，2008），需要政府对具有良好性能的水土保持技术进行有效的推广、宣传、组织、投资与补贴，使水土保持技术采用所带来的生态环境效益内在化，以此激励农户采用水土保持技术的积极性，以达到治理水土流失的目的（毛显强等，2002）。随着工业化、城市化进程的不断加快，农户分化趋势日益明显，农户之间的资本禀赋差异逐渐拉大，由于资本禀赋差异，不同类型农户对市场、政策等外部环境的响应以及由此引起的决策行为也必然会有所差异，进而决定是否采用水土保持技术以及采用何种水土保持技术（杨钢桥等，2010）。同时，农户在根据自身的资本禀赋做出决策的同时，会根据政府支持政策对其行为进行调整（刘滨等，2014）。可见，资本禀赋和政府支持在农户采用水土保持技术中扮演重要角色，那么，在我国现行制度下，资本禀赋对农户水土保持技术采用行为有何影响？政府支持对农户水土保持技术采用行为有何影响？资本禀赋和政府支持政策之间存在何种关联关系？水土保持技术的经济效应和生态效应如何？本研究旨在对这些问题进行回答。

基于此，本书将从资本禀赋和政府支持双重视角出发，在对国内外相关文献系统地综述的基础上，基于相关理论，通过利用在黄土高原区陕西、甘肃和宁夏两省一区实地调研收集的农户数据，展开以下系列的研究。首先，梳理了黄土高原区水土流失治理进展，描述了样本农户的情况。其次，构建资本禀赋与政府支持指标体系，运用熵值法对资本禀赋进行测度，运用加权平均法对政府支持进行测度。再次，运用 Order Probit 模型探究了资本禀赋和政府支持对农户水土保持技术认知的影响程度和作用机理，运用双变量Probit 探究了资本禀赋和政府支持对农户水土保持技术采用决策的影响程度和作用机理，运用二元 Logistic 模型探究了资本禀赋和政府支持对农户水土保持技术选择的影响程度和作用机理，运用 Heckman 样本选择模型探究了资本禀赋和政府支持对农户水土保持技术采用程度的影响程度和作用机理，运用二元 Probit 模型探究了资本禀赋和政府支持对农户水土保持技术持续采用的影响程度和作用机理，利用内生转换模型考察了农户水土保持技术采用的经济效应，利用 Order Probit 模型考察了农户水土保持技术采用的生态效应，利用调节效应模型探究了政府支持对资本禀赋影响农户水土保持技术采用行为的调节作用。最后，提出对策建议，促进水土保持技术的推广和应用，加快水土流失治理进程和改善生态环境。

第二章 研究目的与研究意义

一、研究目的

水土保持技术对于治理水土流失，土地生产力的提高以及生态环境的改善具有重要意义。然而水土保持技术采用率低是制约农业发展与转型的瓶颈，寻求途径改善这一现象迫在眉睫。基于资本禀赋与政府支持联立视角，实证分析资本禀赋和政府支持对农户水土保持技术采用各个不同阶段的影响，以及水土保持技术采用的经济效应和生态效应，然后，提出对策建议，以期促进水土保持技术的推广和应用，加快水土流失治理进程。主要包含以下5个目标。

（一）资本禀赋综合评价指标体系构建及测度

根据资本禀赋异质性的不同维度，构建资本禀赋综合评价指标体系。利用黄土高原区获得的微观农户调查数据，对农户的资本禀赋水平和结构进行评价和分析，评价农户资本禀赋总量及其各维度表现，描述不同维度农户资本禀赋的表现与特征。以及采用水土保持技术农户和不采用水土保持技术农户的资本禀赋总量及其各维度表现。

（二）政府支持综合评价指标体系构建及测度

阐释政府支持的含义，通过对政府支持现状考察，分析政府支持的特征，构建政府支持综合评价指标体系。利用黄土高原区获得的微观农户调查数据，评价政府支持及其各维度的表现与特征，以及采用水土保持技术农户和不采用水土保持技术农户的政府支持总量及其各维度表现。

（三）资本禀赋、政府支持对农户水土保持技术采用行为的理论分析和实证分析

构建"资本禀赋、政府支持—农户水土保持技术采用行为"的理论逻辑分析框架，对资本禀赋、政府支持与农户水土保持技术采用行为的影响机理进行分析。基于农户技术采用过程，划分农户水土保持技术采用阶段。通过计量经济模型，分别实证分析资本禀赋、政府支持对农户水土保持技术不同采用阶段的影响。通过资本禀赋和政府支持相互作用影响农户水土保持技术采用行为分析，揭示政府支持的调节作用。

（四）考察水土保持技术的经济效应和生态效应

通过相关理论分析，构建计量经济模型，实证分析水土保持技术的经济效应和生态效应。

（五）对政府支持制度设计进行优化

针对实证分析结论，对政府支持制度设计进行优化。政府应从不同资本禀赋农户的诉求出发，寻找农户经济利益与参与水土保持政策的切合点，根据农户不同资本禀赋情况制定相应的补偿政策和扶持策略，从根本上激发农户参与水土流失治理和采纳水土保持技术的积极性，确保水土保持政策实施的持续性和有效性。

二、研究意义

土壤退化、沙漠化现象日益严重，使耕地资源不断减少，同时，随着人口的快速增长，对自然和环境造成了巨大的压力，农户不合理的土地利用方式和不适当的农业实践活动，使水土流失加剧，降低了土地的经济和生态生产力。因此，在黄土高原区水土流失严重，农户不合理的土地利用方式和不适当的农业实践活动的背景下，发展水土保持技术对缓解目前水土流失状况具有重要的现实意义。农户是农业生产活动的微观经济单元，是采纳水土保

持技术的主要主体，资本禀赋和政府支持作用于农户水土保持技术采用的各阶段，本研究从资本禀赋和政府支持视角，探析资本禀赋和政府支持影响农户水土保持技术采用行为的机理，其具体理论和现实意义如下：

（一）理论意义

1. 构建一个基于农户视角"资本禀赋、政府支持—农户水土保持技术采用行为"理论逻辑分析框架

本书根据农业生产实际及相关研究成果，构建一个基于农户视角"资本禀赋、政府支持—农户水土保持技术采用行为"理论逻辑分析框架，并在这一新分析构架下实证检验资本禀赋、政府支持对农户水土保持技术采用行为的影响效应，这一研究可以补充资本禀赋、政府支持理论的研究内容，为我国农业技术推广制度创新提供理论依据。

2. 为相关研究提供了研究思路

本书基于农户技术采用过程，将农户水土保持技术采用划分为技术认知、技术采用决策、技术选择、技术采用程度、持续采用和效应评价等阶段，为相关研究提供了研究思路。

3. 本研究拓宽了当代村域生态环境治理研究视阈，对前沿理论在中国农村场域下的适应性做了有益的探索

本研究不仅为研究农户参与水土流失治理问题和当代村域生态环境治理问题提供一个新的视角，还能够对改善农村生态环境，提高农村环境治理的效果提供理论支撑，可以为相关学者的后续研究提供一定的理论借鉴。

（二）现实意义

1. 为解决农户水土保持技术采用动力不足等问题提供实证支撑

通过对资本禀赋和政府支持在农户水土保持技术采用行为中的影响研究，探讨资本禀赋和政府支持在水土保持技术采用各阶段影响效应的差别，为解决农户水土保持技术采用动力不足等问题提供实证支撑。

2. 对改善黄土高原地区生态环境，实现农户增收，具有重要的现实意义

水土保持工作是一项长期、复杂的系统工程，作为水土流失严重的黄土高原地区，该研究对提高农户水土保持技术采用率，治理水土流失，进行水土保持生态建设，改善黄土高原地区生态环境，实现农户增收，具有重要的现实意义。

3. 该研究与多年中央 1 号文件提出的"推进农业科技创新应用与促进生态友好型农业发展"的要求相吻合

本研究与我国小农户经营为主的基本国情相吻合，实践性与针对性较强。根据农业可持续发展的原则，采用具有经济效应、社会效应和生态效应的水土保持技术是实现农业发展与环境保护双赢的必然选择，加快实现高产、优质、高效、安全、生态的农业现代化发展目标。

4. 对黄河流域生态保护和高质量发展，促进乡村振兴具有指导作用

2019 年 9 月习近平总书记在黄河流域生态保护和高质量发展座谈会上，发出了"让黄河成为造福人民的幸福河"的伟大号召，黄河流域构成我国重要的生态屏障，黄土高原地区水土流失综合治理对于黄河流域生态保护和高质量发展、"一带一路"建设、生态文明体制改革，建设美丽中国，实现乡村振兴具有重要的现实意义。可以为实现习近平总书记提出的"绿水青山就是金山银山"和"黄河流域生态保护和高质量发展"提供有参考价值的路径选择，为相关部门制定公共政策提供借鉴。

第三章　国内外研究综述

一、国外研究动态

（一）关于农业技术采用行为的研究

国外对此问题研究开始得较早，始于 20 世纪初期，一直到 20 世纪 60 年代经历了绿色革命大量研发和应用农业新技术，促进了国外学者研究农户农业技术采用行为。对于农户农业技术采用行为的研究需要运用经济学、行为学、社会学、心理学和地理学等多种学科知识以及各种统计分析和计量模型方法。国外学者对农户农业技术采用行为的研究，获得了很大的发展，研究成果众多。

1. 关于农户技术采用行为影响因素的研究

Griliches 等（1957）利用一般均衡分析研究表明市场盈利机会能够促进玉米杂交技术的推广。Nelson 等（1966）研究表明，农户的健康状况正向影响农户采用新技术。Ervin 等（1982）研究表明，年龄负向影响农户采用土壤保护技术。Feder 等（1980）、Miranowski 等（1986）、Sidibé 等（2005）研究表明生产规模对农户农业技术采用行为有正向影响。Lowder-milk 等（1972）研究表明农户家庭收入对农户技术采用行为具有影响。Okoye（1998）以尼日利亚农户为例，研究表明收入、耕地面积及风险态度对农户采纳新型土壤侵蚀控制技术具有影响。Abdulai 等（2011）研究表明技术推广人员、农户组织能够影响农户采纳节水灌溉技术。Manimozhi 和Vaishnavi（2012）研究了农户绿色农业技术采纳行为的影响因素。

2. 关于技术采用阶段的研究

早期，对于农户农业技术采用行为的研究仅限于对技术采用率以及在某一时刻的采用决策等静态分析（Waktola，1980；Ayana，1985）。实质上农户农业技术采用行为经历了农户的认知、兴趣、评价、尝试和应用等五个阶段（Rogers，1962），学者不应该只是对某一阶段进行静态分析，应该基于农业技术采用的整个过程进行动态研究。近年来，相关学者开始利用面板数据对农业技术采用整个过程进行动态研究。Leggesse 等（2004）采用久期分析模型，利用埃塞俄比亚25年间的农户数据研究了农户采用化肥和除草剂速度的影响因素。

3. 关于关联技术采用的研究

Mann（1978）首次提出子技术包采用问题，表明农业技术是由一系列不同子技术组成的，在农业生产过程中，农户会根据需要进行组合采用各子技术。Rauniyar 和 Goode（1992）以瑞士农户数据进行实证研究发现农户采用三种子技术组合的最多。农户会采用一组技术束以实现效用最大化（Yu et al.，2012）。

4. 关于农业技术采用效果的研究

农户作为农业生产的微观个体，采用一系列农业技术来降低外部冲击变化对农业产出的不利影响，在这个过程中，农业技术的效果显得尤为重要，主要包括农业技术对农户农业产出、收入以及生态效应的影响。学术界对农户技术采用行为的效果展开了一系列研究。Falco 等（2011）、Yesuf 等（2008）研究表明适应性措施采用增加了农户农业产出，并且能够有效降低产出下行风险暴露度。Falco 和 Chavas（2009）基于埃塞俄比亚农户微观数据，研究表明农户多样化农作物品种能够降低产出下行风险水平。Foudi 和 Erdlenbruch（2012）以法国农户的微观数据为例，研究表明灌溉农户的平均产出水平高于未灌溉农户，同时灌溉农户的收益方差比未灌溉农户的收益方差低。Huang 等（2014）研究表明，农户的极端天气适应性措施采用不仅可以增加农业产出，还可以有效降低农业产出的风险和下行风险。Khonje 等（2015）利用赞比亚东部地区农户微观数据，研究结果表明玉米品种多样化提高了农户农业收入与食品安全性。

5. 关于研究方法

在研究农户农业技术采用行为过程中，出现了一系列的研究方法。早期的研究方法主要集中在 probit、tobit 和 Heckman 等静态分析模型（Dadi et al.，2001）。近年来，学者在研究方法方面不断创新，不断地将主体空间模型（Berger，2000）、参与性农户评估法（Brocke et al.，2010）、久期分析模型（Leggesse et al.，2004）、SEM 模型（Mohapatra，2011）等方法运用到农业技术采用行为分析过程中。

（二）资本禀赋与农户技术采用相关研究

20 世纪 80 年代以来，国外学者对生计的概念，以及在生计概念的基础上提出的可持续生计分析框架展开了大量研究（Amartya Sen，1981；Chambers and Conway，1992）。2000 年英国国际发展部（UK's Department for International Development，DID）建立的可持续生计分析框架（SLA 框架）最具代表性，且运用最为广泛。该框架表明个人或家庭所采取的生计方式受个人或家庭拥有的生计资本决定（金莲等，2015；Martha，2003）。生计资本越多，农户的选择范围越广，应对冲击和把握机会的能力越强，能够保障生计安全，可持续利用资源，相反，生计资本越少，缺乏应对自然灾害冲击的能力，不注重保护自然资源，造成生态环境的破坏（Soini，2005；Bradstock，2006）。

关于生计资本对气候变化适应影响方面。Brown 等（2010）以澳大利亚新南威尔士州农村数据为例，利用可持续生计方法分析农户气候变化适应能力。Rawadee 和 Areeya（2011）研究表明农户洪涝灾害的适应能力受到金融约束和社会资本的影响。Park 等（2012）研究了太平洋区域农户生计资本对其气候变化适应能力的影响，研究表明自然资本（NC）、人力资本（HC）、社会资本（SC）对其产生影响。关于生计资本与技术采纳方面：在农户自身因素方面，Nelson 等（1966）研究表明，农户健康状况正向影响其采用新技术。Ervin 等（1982）研究表明，年龄对农户采用土壤保护技术的意愿具有负向影响。在耕地自然因素方面，Green 等（1996）研究表明，耕地面积对农户采用滴灌技术具有正向影响。生产规模对农户农业技术采用行为有正向影响（Feder et al.，1980；Miranowski et al.，1986；Sidibé et al.，2005）。Caswell 等（1986）研究表明耕地质量越差的地方，越容易采用节水灌溉技术。Okoye（1998）以尼日利亚农户为例，研究表明耕地面积影响农户新型土壤侵蚀控制技术的采纳。Schuck 等（2005）研究表明土地面积影响农户对节水灌溉技术的采纳。在经济因素方面，农户家庭收入对农户技术采用行为具有影响（Lowdermilk et al.，1972）。Caswell 等（1985）研究表明农户的收入水平能够促进节水技术的采用。Okoye（1998）以尼日利亚农户为例，研究表明收入影响农户新型土壤侵蚀控制技术的采纳。农民收入、耕地保护的盈利性是影响农户耕地保护行为的主要因素（C. A. Kessler，2006；Rob J. F. Burton et al.，2008）。

（三）政府支持与农户技术采用相关研究

由于很多技术具有正外部性，因此，政府会影响农户采用技术（石洪景，2013；石洪景等，2015）。环境保护技术具有正外部性，其环境效益由生产活动以外的其他人享有，农户很难独立享受其所产生的效益，因此农户对采用生态技术缺乏积极性，不愿意主动采用。在这种情形下，学者们普遍认为应当通过政府等有关部门的介入，向农户提供一定的生态补偿，以此激励农户采用。

在政策因素方面，政府的宣传、补贴、农技服务等因素影响农户耕地保护行为（Katherine Falconer and Hodge，2001；Echeverria J D and Pidot J，2009；Romy Greiner et al.，2011）。补偿政策与农户技术采用的关系，尚未取得一致看法。一些学者认为，政府补贴对技术采用行为具有正向影响。也有学者认为政府补贴负向影响技术采用，原因是收到更多补贴可能减少财务压力，补贴越多，采用技术动因越弱。Dinar 等（1992）以以色列为例，研究表明政府对灌溉设施的补贴对农户灌溉技术的采用具有显著的影响。Goyal 和 Netessine（2007）研究表明，政府推广对农户新技术采用具有正向影响。Genius 等（2014）研究表明政府推广服务可以促进农户农业灌溉技术的采用。

（四）农户水土保持技术采用相关研究

国外从 20 世纪 70 年代末开始研究农户水土保持行为。关于农户水土保持技术采用行为影响因素的研究方面。Potter（1986）、Clark（1989）认为农户的水土保持行为受到环境政策、地方咨询机构和农户自身状况的影响。Lemon 和 Park（1993）研究表明环境和经济条件影响着农户水土保持采用行为。Beedell（1999）运用 TPB 对农户水土保持行为进行了研究，研究结果表明农户行为态度、主观标准、感知行为控制影响农户水土保持行为。Zainab Mbaga 和 Semgalawe（2000）研究表明水土流失程度、非农收入、实施有补贴的水土保持项目影响农户水土保持行为。

二、国内研究动态

（一）农户农业技术采用行为研究

20 世纪 90 年代，国内学者开始关注农户技术采用，相对国外学者来说研究起步比较晚。产生了一系列的研究成果。

1. 关于农户技术认知的影响因素研究

黄玉祥等（2012）研究表明农户基本特征、技术特征、技术培训经历及种植经验等因素影响农户对节水灌溉技术的认知。赵肖柯和周波（2012）研究表明种稻大户的农业新技术认知受到个体因素（受教育水平、收入水平、经营规模等）、信息诉求动机因素（成本节约型技术的需求和风险偏好等）、信息渠道因素（亲友乡邻、政府宣传、农业示范户、大众媒体、企业宣传推广等）的影响。李莎莎等（2015）基于 11 个粮食主产省份的农户数据，研究表明农户的测土配方施肥技术认知受到农户自身特点、农户家庭资源禀赋特征、外部环境的影响。储成兵和李平（2013）基于安徽省农户调查对象，研究发现农户对转基因生物技术的认知受到户主文化程度、社会资本、与村民交流的频率、国家良种补贴项目县、参加转基因生物技术培训等因素的影响。吴雪莲等（2017）研究表明农户绿色农业技术认知深度受到风险态度、技术指导频数、被调查者类型、信息通畅度、受教育程度、农产品生产安全评价和兼业情况的影响。

2. 关于农户农业技术采用意愿的影响因素研究

喻永红等（2009）研究表明农户采用水稻 IPM 技术的意愿受到决策者的年龄、受教育程度、工作性质、是否参加过农业技术培训以及家庭规模、未成年人数量、耕地规模及其分散程度、水稻生产主要目的、家中是否有人发生过农药中毒事件等因素的影响。陆文聪等（2011）研究结果表明年龄、收入、制度、增收和风险影响农户采用节水灌溉技术意愿。

3. 农户农业技术采用影响因素方面的研究

葛继红等（2010）研究表明科学施肥能力、示范户、配方卡、参加培训次数及所在乡培训总人数影响农户采用配方施肥技术。姜天龙等（2015）研究表明农户的性别、年龄、受教育年限、务农年限和种植面积正向影响农户采用清洁生产技术。李卫等（2017）研究表明年龄、受教育程度、对保护性耕作技术认知度、农户间的频繁交流、网络学习和政府向农户提供补贴、参加保护性耕作技术培训、作业机械的便利性以及作业效果影响农户保护性耕作技术的采用。张小有等（2018）研究表明农户文化水平、是否为村干部、农户类型、政策了解度、指导培训影响农业低碳技术采用。乔丹等（2017）研究表明社会网络、推广服务正向影响农户节水灌溉技术采用。

4. 农户采用农业技术的效应研究方面

目前，国内学者大致从产量效应、收入效应、生态效应和减贫效应等4个方面来研究农户采用农业技术的效应。马丽（2010）从经济、生态及社会三方面对阜新地区农户保护性耕作的实施效果进行评价。研究表明农户采用保护性耕作技术，机械费用和用工费用的节省效果非常突出，农户对种子和除草剂等的投入成本也有不同程度的降低，采用保护性耕作技术产量更高、成本更低，具有很好的经济效益、生态效益和社会效益，具有很强的推广价值。蔡荣等（2018）研究表明节水灌溉技术的增产效应十分显著，能够使农户每公顷胡萝卜产量增加约7 961千克，相当于单产水平的21%。胡伦等（2018）对农户采用节水灌溉技术的减贫效应进行了研究，发现其可以显著降低贫困发生率和贫困脆弱性，具有显著的减贫效应。黄腾等（2018）研究表明节水灌溉技术采用有助于农业亩均收入增长19.66%。蒋伟等（2108）研究表明农户采用节水灌溉技术对种植业收入有正的显著影响。赵连阁和蔡书凯（2013）研究表明与传统病虫害防治方式相比，农户采用生物防治型IPM技术和化学防治型IPM技术能够显著增加水稻的产量。罗小娟等（2013）研究表明，采纳测土配方施肥技术能够增加水稻单产，降低农户化肥施用量，具有良好的环境和经济效应。李想（2014）考察了农户采用可持续生产技术的效应。陈玉萍等（2010）研究表明农户采用改良陆稻技术能够提高农户的收入。陈治国等（2015）研究表明农户采用先进技术能够增加其收入。崔惠斌等（2016）研究表明农户采用先进技术能够增加农户收入。

5. 关于研究方法的研究

21世纪以来，国内的研究方法取得了较大的突破，由之前的定性分析向定量研究、案例研究转变。在实证分析法方面，近几年有了很大的创新，综合运用二元Logistic模型，参与性农户评估法、技术接受模型和结构方程模型。赵连阁等（2012）采用 Logit 模型分析了农户 IPM 技术采纳行为的影响因素。朱利群等（2018）建立二元 Logistic 回归模型研究农户采纳有机肥和化肥配施技术意愿的主要影响因素。张小有等（2018）运用有序 Logistic 回归模型研究规模农户采用农业低碳技术的驱动因素。高瑛等（2017）利用 Probit 模型分析了农户特征因素、耕地特征因素、农业生产财政和管理特征因素及其他外源性因素对农户采纳决策（保护性耕作、施用有机肥和测土配方施肥）的影响。乔丹等（2017）运用样本选择模型和结构方程等模型对农户采用节水灌溉技术进行了相关的研究。侯博等（2015）基于 TPB 和 SEM 对分散农户低碳生产行为决策进行研究。

（二）资本禀赋与农业技术采用相关研究

胡元凡等（2012）研究表明物质资本（MC）、自然资本（NC）、人力资本（HC）不足降低了农户的适应能力。蔡键等（2013）研究了资本禀赋对农户农业技术采纳行为的影响。丰军辉等（2014）从横向水平角度研究资本禀赋对农户作物秸秆能源化需求与利用方式的影响，研究表明家庭经济资本禀赋、家庭社会资本禀赋、家庭人力资本禀赋和家庭自然资本禀赋是影响农户作物秸秆能源化需求的关键因素。张童朝等（2017）研究表明资本禀赋水平的提升可显著增强农户秸秆还田的投资意愿。谢先雄等（2018）研究表明资本禀赋对牧民减畜行为具有显著影响。其中，经济资本中家庭收入和牲畜数量对牧民减畜意愿和程度均有显著促进作用，草场面积对减畜意愿有显著抑制作用；文化资本中蒙古族、文化程度分别对牧民减畜意愿和程度有显著促进作用；道德约束对牧民减畜的意愿和程度均有显著促进作用。李晓平等（2018）研究表明经济资本、社会资本和文化资本均与农户补偿参与意愿正相关。经济资本和文化资本越丰富，农户生态补偿接受额度越高。田素妍和陈嘉烨（2014）研究表明物质资本（MC）、人力资本（HC）、社会资本（SC）和金融资本（FC）影响着养殖户气候变化适应性决策。孔祥智等（2004）以西部陕西、宁夏、四川三省农户数据，研究农户禀赋对农业技术采纳决策的影响。另外还有学者运用该分析框架研究生计资本对生计策略（伍艳，2015）、耕地保护的补偿模式选择（李广东，2012）、土地资产评估需求（杨夕等，2015）、耕地流转（王成超等，2011）、宅基地流转（邝佛缘等，2016）、耕地利用行为（邝佛缘等，2017；王一超等，2018）、农牧民生活满意度（赵雪雁，2011）等方面的影响。

（三）政府支持与农业技术采用相关研究

政府宣传和推广与农业技术采用的研究。陆文聪（2011）研究表明部门业务指导对农户采用节水灌溉技术的采用意愿有重要影响。孙延红（2012）研究表明开展农业科技的示范能够促进农户采用技术。李奋生（2014）研究表明政府农业技术服务影响农户的农业技术采用决策。李曼等（2017）研究表明政府推广对农户节水灌溉技术采用具有促进作用。政府宣传能够促进农户采用低污染型农业技术（薛彩霞等，2012）、农户耕地保护意愿（谢婉菲等，2012）、农户耕地保护行为（李然嫣等，2017）。政府补贴与农业技术采用的研究：政府补贴正向影响农户采用节水灌溉技术（韩青，2005；王格玲等，2015）、秸秆还田行为（钱加荣等，2011）、低污染型农业技术（薛彩霞等，2012）、环保型技术和资源节约型技术（邓祥宏等，2011）、耕地保护行为（李然嫣等，2017）。

（四）农户水土保持技术采用相关研究

杨海娟等（2001）基于黄土高原丘陵沟壑区农户数据，研究表明农户根据自身条件和外部环境选择是否进行水土保持以及如何进行水土保持的行为，目的是追求自身利益的最大化。钟太洋等（2005）从兼业农户的时间分配与收入结构变化角度分析了对水土保持行为的影响。研究表明农户对水土流失的感知情况、非农劳动时间比例、农户受教育水平对农户的水土保持行为影响显著。钟太洋等（2006）研究了土地流转对农户水土保持的影响。于术桐等（2007）以江西省红壤丘陵区农户的调查数据，研究了农户的水土保持投资行为。司瑞石等（2018）从信息资本角度研究对农户水土流失治理投入（投资、投劳）意愿的影响，研究表明信息获取能力对农户水土流失治理投入意愿具有促进作用，信息获取渠道对农户投资意愿具有激励作用，但对投劳意愿呈现抑制作用。贾蕊等（2018）从土地流转和集体行动的视角研究了其对农户水土保持措施采用的影响，研究表明土地流转面积和流转期限能够促进农户采用一些水土保持措施。张慧利等（2019）在成本—收益分析的基础上，从市场和政府两个角度出发，探究农户采纳"短期见效"和"长期见效"水土保持措施的主要影响因素。刘丽等（2020）利用黄土高原1 237户农户的调查数据，基于代际差异的视角，采用逐步回归法和分组回归法，分析了农户技术认知和风险感知对其水土保持耕作技术采用意愿的影响及代际差异。

总体来看，国内学者认为影响农户农业技术采用的影响因素主要包括个体特征因素、政策因素、资源禀赋要素、外部环境因素等方面，并针对各种不同的农业技术类别，利用不同地区的农户调研数据进行了实证研究，丰富了农业技术采用的相关研究。

三、研究述评

通过上述的国内外文献综述发现，国内外学者分别从不同的角度，并针对各种不同的农业技术类别，利用不同地区的农户调研数据，采用各种不同的计量方法进行了研究。总结已有文献，尚有以下5个方面问题有待改进和解决。

（一）将资本禀赋用于分析农户水土保持技术采用行为的研究不多

有关资本禀赋大多用在生计策略、耕地保护的补偿模式选择、土地资产评估需求、耕地流转、宅基地流转、耕地利用、农牧民生活满意度、耕地保护意愿等方面。将其用于分析农户水土保持技术采用行为的研究不多。大多只涉及人力资本、物质资本、自然资本、金融资本和社会资本的一方面或者几方面，考察其对农户采用农业技术的影响，全面考察评价资本禀赋对农户水土保持技术采用行为的影响的较少。

（二）缺乏对技术采用各个阶段进行全面考察

国内外学者在研究农户水土保持技术采用时大多只针对单一过程进行静态分析，实际上，农户对农业技术的采用是一个动态变化或多阶段的过程，会经历认知、决策、技术选择、采用程度、持续采用、采用效应评价等阶段。相同的因素对不同的阶段可能存在着不同的影响，对各个阶段进行全面考察，才能充分了解农户的农业技术采用行为，促进技术的推广。

（三）资本禀赋和政府支持对农户水土保持技术采用行为的互动影响关系尚不清楚

在农业技术采用过程中，关于资本禀赋和政府支持的互动关系尚不清楚，在不同政府支持下资本禀赋异质性农户水土保持技术采用行为有何差异，尤其在国内，尚未纳入研究者的视野。资本禀赋和政府支持互动作用影响农户水土保持技术采用行为有待深入研究。

（四）研究黄土高原地区农户水土保持技术采用行为的不多

国内研究水土保持技术采用，研究区域大多为北方丘陵区、三峡库区、红壤丘陵区、南方丘陵区，对水土流失严重的黄土高原地区进行大规模实地调研，研究黄土高原地区农户水土保持技术采用行为的不多。

（五）缺乏对水土保持技术的选择的考察

以往文献大多是以特定的某项技术为例加以研究。但水土保持是一项系统工程，需要多种技术配合采用，其效益才能发挥明显。而且，水土保持工程技术、生物技术和耕作技术的属性和特征不同。由于农户的资本禀赋具有异质性，因此在面临水土流失的过程中，会采用不同的水土保持技术加以应对。

以上不足为本书留下了很好的研究空间。基于此，为了使水土保持技术得到更好的推广与运用，提高水土保持技术的辐射效果与带动作用，本书在借鉴前人研究成果的基础上，利用在黄土高原区获取的农户调研数据，以水土流失严重的黄土高原地区农户采纳水土保持技术为研究对象，基于资本禀赋和政府支持的双重视角，分析资本禀赋和政府支持对农户水土保持技术认知、采用决策、实际采用（技术选择和采用程度）、持续采用的影响机理，以及水土保持技术采用的效应影响机理，采用计量方法，实证验证资本禀赋和政府支持对农户水土保持技术采用各阶段的影响作用及路径，并对水土保持技术采用的效应进行评价，最终为水土保持技术制度创新和政策优化提供理论与实证支持。

第四章　研究思路、研究内容和
研究方法

一、研究思路

本研究基于资本禀赋和政府支持的视角，按照"农户水土保持技术认知—技术采用决策—技术实际采用（技术选择和采用程度）—技术持续采用—采用效应"这条内主轴展开，研究资本禀赋与政府支持对农户水土保持技术采用行为的影响（图 4-1）。首先，基于黄土高原地区水土流失严重的现实，从水土保持技术推广与采用的实践入手，找出水土保持技术采用低下的原因，引入资本禀赋和政府支持作为解释水土保持技术采用的关键变量。其次，在梳理相关文献资料和理论的基础上，从理论上阐释资本禀赋和政府支持对农户水土保持技术采用不同阶段过程的内在影响机理。第三，进行调研获取农户数据，选择相关的指标对调查区域的样本农户特征进行分析。第四，利用调研数据，对资本禀赋和政府支持进行测度与特征分析，并结合农户水土保持技术采用行为进行描述性统计分析。第五，从农户水土保持技术采用过程展开，运用构建的农户资本禀赋和政府支持的指标，分别考察资本禀赋和政府支持如何影响农户水土保持技术认知、技术采用决策、技术选择、采用程度、持续采用，并对水土保持技术采用的经济效应和生态效应进行评价，进一步探讨资本禀赋和政府支持对农户水土保持技术采用行为的关联互动关系。最后，基于以上分析，提出突破农户资本禀赋约束，加大政府支持程度等政策建议，促进农户采用水土保持技术。

二、技术路线

本书的技术路线，是沿着"总体设计—理论研究—数据获取—现状分析—实证研究—结论与建议"这样的路径来设计的。第一是总体设计。针对黄土高原地区水土流失严重，和农户水土保持技术采用率低的现实问题，进一步分析提出科学问题，针对需要研究的科学问题，设计总体的研究框架。第二是理论分析。梳理相关文献，界定资本禀赋、政府支持、水土保持技术、水土保持技术采用行为等概念，介绍农业技术采用行为理论、可持续生计能力理论、外部性理论、公共产品理论、生态补偿政策理论等相关理论，在此基础上构建本书的理论分析框架。第三是数据获取。根据研究内容设计调查问卷，采用分层抽样和简单随机抽样方法选择调查地点，对农户进行入户调查，获取一手调研数据，为本研究提供数据支撑。第四是现状分析。梳理了黄土高原区水土流失治理进展，描述了样本农户的情况，发现并总结出存在的问题。第五是实证分析。构建计量经济模型，实证分析资本禀赋与政府支持对农户水土保持技术认知、采用决策、实际采用、持续采用的影响以及互动效应，并对水土保持技术采用的效应进行评价。第六是结论与建议。根据前文相关章节的实证研究所得到的结果，进而提出促进农户采用水土保持技术的对策建议。以下是本书的技术路线图（图 4 - 1）。

三、研究内容

第一篇，导论。从黄土高原地区水土流失严重影响农业生产等角度对研究背景进行了介绍，提出了本研究旨在达到的目标，明确了本研究的意义。其次，对国内外关于农业技术采用、资本禀赋和政府支持的相关文献进行了梳理，并进行简要评述，为本书奠定了研究基础。再次，介绍了本书的研究思路，绘制了本书的技术路线；然后介绍了每一篇所要研究的内容，以及每一篇所用到的计量经济模型和方法。最后，指出了本研究可能存在的创新之处。

第二篇，概念界定与理论分析。首先，对水土保持技术、水土保持技

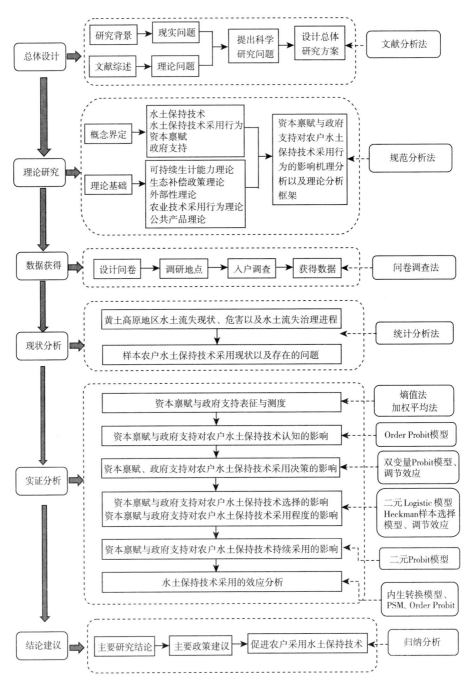

图 4-1　研究技术路线图

采用行为、农户资本禀赋、政府支持等本书所涉及的核心研究概念进行了界定和阐释。其次，对农业技术采用行为理论、可持续生计能力理论、外部性理论、公共产品理论、生态补偿政策理论进行了梳理，奠定本书的理论基础。最后，在相关概念和理论分析的基础上，阐述资本禀赋与政府支持影响农户水土保持技术采用行为的机理。

第三篇，黄土高原区农户水土保持技术采用现状分析。首先，从宏观角度分析黄土高原地区水土流失现状和危害。其次，对黄土高原地区水土流失治理过程进行梳理。再次，介绍本文的数据来源，问卷设计，抽样过程。然后利用黄土高原地区陕西、甘肃和宁夏两省一区获取的农户数据，描述统计样本农户的情况。最后，发现存在的现实问题。

第四篇，资本禀赋与政府支持的测度与解析。基于科学性、系统性和全面性的原则，构建表征资本禀赋的指标体系，用熵值法，以农户调查资料为数据，对农户资本禀赋及其构成维度进行测度，比较水土保持技术采用户和非采用户资本禀赋之间的差异。从政府投资，政府技术推广，政府宣传，政府组织和政府生态补贴5个方面对政府支持进行表征，运用加权平均法，以农户调查资料为数据，对政府支持进行测度，并比较水土保持技术采用户和非采用户接受政府支持的差异。

第五篇，资本禀赋和政府支持对农户水土保持技术认知的影响分析。首先，通过梳理相关文献，将农户水土保持技术认知分为增产价值认知、增收价值认知和生态环境改善价值认知，根据调研数据，了解农户对于水土保持技术认知的情况。其次，从理论上阐明资本禀赋和政府支持对农户水土保持技术认知的影响机理，然后利用农户调查数据，采用 Ordinal Probit 模型进行实证分析，考察资本禀赋与政府支持对农户水土保持技术认知（增产认知、增收认知和生态环境改善认知）的影响。

第六篇，资本禀赋和政府支持对农户水土保持技术采用决策的影响分析。首先，从理论上阐明资本禀赋和政府支持对农户水土保持技术采用决策的影响机理，由于认知影响行为，因此，在研究资本禀赋和政府支持对农户水土保持技术采用决策的影响的同时，需要考虑农户技术认知的中介效应，因此，采用双变量 Probit 模型研究该问题。并利用调节效应模型，考察政府支持对资本禀赋影响农户水土保持技术采用决策的调节效应。

第七篇，资本禀赋与政府支持对农户水土保持技术实际采用的影响分析。水土保持技术包括工程技术、生物技术、耕作技术，农户在实际采用的过程中会涉及技术选择和采用程度的问题。因此，运用二元 logistic 回归模型实证分析资本禀赋与政府支持对农户水土保持技术选择的影响效应。运用 Heckman 样本选择模型，实证分析资本禀赋与政府支持对农户水土保持技术采用程度的影响效应。并利用调节效应模型，考察政府支持对资本禀赋影响农户水土保持技术选择和采用程度的调节效应。最后，进行稳健性检验。

第八篇，资本禀赋与政府支持对农户水土保持技术持续采用的影响。首先，从理论上阐明资本禀赋和政府支持对农户水土保持技术持续采用的影响机理。其次，利用农户调查数据，采用二元 Probit 模型进行实证分析，考察资本禀赋与政府支持对农户水土保持技术持续采用的影响效应。

第九篇，农户水土保持技术采用的效应分析。借鉴农业技术采用对农业产出、生态效应影响的相关理论与方法，利用内生转换模型对水土保持技术采用的经济效应以及平均处理效应进行实证分析。利用 PSM 进行稳健性检验。采用 Ordinal Probit 模型对水土保持技术采用的生态效应进行实证分析。

第十篇，研究结论与政策建议。首先，总结本文各部分研究内容所得出的主要结论。其次，从重视宣传教育、增强农户水土保持意识，提高农户的资本禀赋，完善政府支持政策等方面提出相关的政策建议。最后，对本研究所用的数据和研究方法的局限进行了说明，同时提出了将来的研究重点内容。

四、研究方法

针对本研究的问题，所用到的研究方法主要有文献分析法、规范分析法、问卷调查法、统计分析法和计量经济模型方法和归纳总结法。首先，通过文献分析法和规范分析法对相关理论进行梳理构建研究框架，利用规范分析方法对资本禀赋、政府支持在农户水土保持技术采用过程中的作用进行理论分析。其次，利用统计分析方法考察水土保持技术采用现状，运用计量分析方法测度农户资本禀赋与政府支持，探讨资本禀赋和政府支持对农户水土保持技术认知、采用决策、技术选择、采用程度、持续采用的影响作用，以及水土保持技术采用的效应。最后，通过归纳法得出研究结论，然后提出政策与建议（李想，2014）。具体研究方法如下。

（一）规范研究法

首先，运用文献分析法，梳理归纳有关农户技术采用行为、资本禀赋、政府支持的国内外研究成果，进一步梳理找出研究的不足，据此提出本书所要研究的科学问题，明确其目的与意义，设计研究方案，理顺研究思路，确定研究方法。界定了资本禀赋、政府支持、水土保持技术、水土保持技术采用行为等概念，梳理国内关于农业技术采用行为理论、可持续生计能力理论、外部性理论、公共产品理论、生态补偿政策理论，奠定本书的理论基础。其次，在相关理论的基础上，运用规范分析方法，构建资本禀赋和政府支持的测量维度和指标体系，分析资本禀赋、政府支持对农户水土保持技术认知、采用决策、实际采用、持续采用的影响机理，以及水土保持技术采用的效应影响因素分析。建立起资本禀赋、政府支持视角下农户水土保持技术采用行为理论分析框架。

（二）实地调查方法

本书运用实地调查方法，以黄土高原区陕西、甘肃和宁夏两省一区农户为调查对象，研究资本禀赋、政府支持对农户水土保持技术采用行为的影响，根据研究内容设计调研问卷，进行实地调研获得样本地区农户资本禀赋情况、政府支持情况、水土保持技术认知情况、水土保持技术采用情况、水土保持技术采用的效果情况。

（三）统计分析方法

首先，通过宏观数据介绍黄土高原地区水土流失现状和危害，总结黄土高原地区水土流失治理进展；其次，运用农户调研数据，对样本区域内农户资本禀赋、政府支持情况、农户水土保持技术认知、采用决策、实际采用、采用效应进行统计分析，同时，分析样本区域水土保持技术在推广和采用过程中存在的问题。

（四）计量分析方法

本书的核心研究内容是构建资本禀赋、政府支持指标体系并进行测度，探索资本禀赋、政府支持对农户水土保持技术认知、采用决策、技术选择、采用程度、持续采用的影响程度和作用机理，以及水土保持技术采用的效应。主要采用熵值法、Order Probit 模型、双变量 Probit、二元 Logistic 模型、Heckman 样本选择模型、调节效应模型、二元 Probit 模型、内生转换模型等多种实证方法对上述主要研究内容进行研究。

1. 熵值法

本书利用熵值法对农户资本禀赋进行测度。首先，借鉴前人对资本禀赋指标体系的选择，从人力资本禀赋、物质资本禀赋、自然资本禀赋、金融资本禀赋和社会资本禀赋 5 个维度构建表征资本禀赋的指标体系。其次，运用熵值法对构建的资本禀赋指标体系赋予权重，进而定量地计算农户资本禀赋。

2. Order Probit 模型

利用 Order Probit 模型分析资本禀赋与政府支持对农户水土保持技术认知的影响。农户水土保持技术认知包括水土保持技术增产价值认知、增收价值认知和生态环境改善价值认知，本书中农户对水土保持技术认知是 1～5 的有序变量，所以选取 3 个 Order Probit 模型实证分析资本禀赋与政府支持对农户水土保持技术认知的影响。另外在对水土保持技术采用的生态效应分析中，需要运用到 Order Probit 模型。

3. 双变量 Probit 模型

利用双变量 Probit 模型分析资本禀赋与政府支持对农户水土保持技术采用决策的影响。农户对水土保持技术是否有一定程度的认知以及是否采用水土保持技术是两个二项选择问题。因此，采用双变量 Probit 模型进行实证，分析资本禀赋和政府支持对农户水土保持技术采用决策的影响效应。

4. 二元 Logistic 模型

利用二元 Logistic 模型分析资本禀赋与政府支持对农户水土保持技术选择行为的影响。农户对水土保持工程技术、生物技术和耕作技术进行选择采用是 3 个典型的二元选择问题，所以选取二元 Logistic 模型进行分析。

5. Heckman 样本选择模型

需要运用 Heckman 样本选择模型分析资本禀赋与政府支持对农户水土保持技术采用程度的影响。只有采用水土保持技术，才能观测到其采用程度，容易出现样本选择偏误，影响回归结果，因此，本书选择 Heckman 样本选择模型，纠正样本选择性偏误，以此实证分析资本禀赋、政府支持对农户水土保持技术采用程度的影响及效应。

6. 二元 Probit 模型

利用二元 Probit 模型分析资本禀赋与政府支持对农户水土保持技术持续采用的影响。农户是否愿意持续采用水土保持技术是典型的二元选择问题，因此选取二元 Probit 模型进行分析。

7. 内生转换模型

利用内生转换模型分析农户水土保持技术采用的经济效应。因为无法同时观测到同一个农户在采纳和未采纳水土保持技术两种状态下的农业产出情况，所以无法直接评价采纳水土保持技术对农户农业产出的影响。因此，在确定计量经济模型时必须考虑因果效应识别问题。农户水土保持技术采用行为具有较强的内生性，如果技术采用行为的成效评估不考虑其存在内生问题，得出的模型估计结果就会有一定的偏差，对提出政策产生误导。因此，如何在考虑农户采用水土保持技术的概率的情况下，估计采用水土保持技术对农业产出的处理效应，成为需要解决的关键问题。为克服内生性问题，避免评估的系数出现偏误，本书利用内生转换模型（Endogenous Wwitching Regression Model）解决由可观测因素和不可观测因素的异质性带来的样本选择性偏差问题。

8. 调节效应检验法

利用调节效应检验法分析政府支持对资本禀赋与农户水土保持技术采用行为的调节效应。在分析资本禀赋、政府支持对农户水土保持技术采用行为的影响关系，需要考察资本禀赋和政府支持的互动关系。本书借鉴温忠麟（2005）基于分组回归分析做调节变量的调节效应的方法，探索资本禀赋和政府支持对农户水土保持技术采用行为的互动影响。

第五章　研究创新之处

根据农户技术采用过程，将水土保持技术采用划分为技术认知、采用决策、实际采用（技术选择和采用程度）、持续采用等不同阶段，并将农户资本禀赋与政府支持同时纳入农户水土保持技术采用分析框架中，对资本禀赋和政府支持影响农户水土保持技术采用行为进行理论分析和实证分析，以及水土保持技术采用的效应分析（经济效应和生态效应）。尝试回答农户对水土保持技术采用缺乏积极性以及效果不理想等现实的问题，以期为促进水土保持技术的推广与扩散，增加农户经济收入等提供理论依据与决策参考。本书具有以下创新点。

一、农户资本禀赋和政府支持指标体系构建和测度

将资本禀赋划分为自然资本禀赋、物质资本禀赋、人力资本禀赋、社会资本禀赋、金融资本禀赋五个维度，构建了农户资本禀赋测度指标体系。利用农户调查数据，运用熵值法，对资本禀赋进行了测度与解析，考察农户资本禀赋特征。将政府支持划分为政府宣传、政府推广、政府组织、政府投资、政府补贴五个维度，构建政府支持程度指标体系。基于农户调查数据，运用加权平均法对政府支持进行测度。结果发现，社会资本（1.622）＞人力资本（1.215）＞物质资本（1.213）＞金融资本（0.809）＞自然资本（0.805）。农户之间分化比较大。政府开展过水土保持措施相关的宣传活动、推广活动、投资、组织实施、补贴的比例分别为46%、38%、65%、64%、64%。对比分析水土保持技术采用户和未采用户的资本禀赋状况和政府支持时发现，采用户基本上高于未采用户。

二、考察了资本禀赋与政府支持对农户水土保持技术认知的影响

从水土保持技术增产价值认知、增收价值认知和生态环境改善价值认知三个方面，考察了资本禀赋与政府支持对农户水土保持技术认知的影响。研究结果表明，对农户水土保持技术增产价值认知具有重要影响的因素有人力资本禀赋、自然资本禀赋、金融资本禀赋、社会资本禀赋、政府支持。对农户水土保持技术增收价值认知具有正向影响的因素有自然资本禀赋、社会资本禀赋、政府支持。对农户水土保持技术生态价值认知具有重要影响的因素有人力资本禀赋、社会资本禀赋、政府支持。

三、考察了资本禀赋与政府支持对农户水土保持技术采用决策、技术选择、采用程度、持续采用的影响效应和互动关系

本书分别考察了资本禀赋与政府支持对农户水土保持技术采用决策、技术选择、采用程度、持续采用的影响效应和互动关系。研究结果表明，物质资本禀赋、自然资本禀赋、政府支持对农户水土保持技术采用决策具有正向影响。金融资本禀赋对农户水土保持技术采用决策具有负向影响。资本禀赋、政府支持对农户水土保持工程技术的采用具有正向促进作用。资本禀赋、金融资本禀赋对农户水土保持生物技术的采用具有负向作用。物质资本禀赋、政府支持对农户水土保持生物技术的采用具有正向促进作用。资本禀赋、自然资本禀赋、金融资本禀赋、政府支持对农户水土保持耕作技术的采用具有正向促进作用。资本禀赋、物质资本禀赋、自然资本禀赋、金融资本禀赋、政府支持对农户水土保持技术采用程度具有正向促进作用。在资本禀赋对农户水土保持技术采用决策、技术选择、采用程度的影响中政府支持具有正向调节效应。资本禀赋、自然资本禀赋、政府支持正向影响农户水土保持技术持续采用意愿。

四、从经济效应和生态效应两方面分析了农户采用水土保持技术的效应

运用内生转换模型和 Order Probit 模型，分别检验水土保持技术的经济效应和生态效应。研究发现，水土保持技术具有显著的经济效应。水土保持技术能够增加农业产出。基于反事实假设，采用水土保持技术的农户若未采用相应的水土保持技术，其亩均产出将下降；未采用水土保持技术的农户若采用相应的水土保持技术，其亩均产出将增加。水土保持技术具有显著生态效应。水土保持技术能够改善生态环境。

第二篇

相关概念界定与理论基础

怎样激励农户采用水土保持技术，促进水土保持技术迅速扩散引起学者的关注。本篇的主要研究内容是相关概念界定和理论分析。首先，对水土保持技术、水土保持技术采用行为、资本禀赋、政府支持等核心概念进行界定。其次，梳理农户农业技术采用行为理论、可持续生计能力理论、外部性理论、公共产品理论和生态补偿政策理论，为本书的研究提供理论基础。最后，在相关理论研究的基础上，阐释资本禀赋与政府支持对农户水土保持技术采用行为的影响机理，为之后的实证研究提供理论支持。

第六章　相关概念界定

一、水土流失

水土流失具体包含水的流失量和水质污染，土的流失量和土壤肥力的增减，包括水、土、养分的流失。水的流失和土的流失经常是同时发生的，相互渗透，相互依存（鲍文，2010）。

二、水土保持技术

水土保持是相对于水土流失而言的，为了预防和治理水土流失，对山区、丘陵区和风沙区水土资源加以保护，提高土地生产力，实现水土资源的经济效益、社会效益和生态效益，所采取的综合性科学技术即水土保持技术。实践中和学术界普遍认为水土保持技术包含工程、植物和耕作等技术措施与管理措施的集合（许炯心，2004）。因此，本书也采取这种分类方法对水土保持技术进行研究。

（一）水土保持工程技术

水土保持工程技术主要是通过对易产生水土流失的工程面施用防护工程，增大土体的整体强度，减少水土流失的发生（应恩宇，2018）。主要包括梯田、台地等治坡工程，淤地坝等治沟工程，水窖和灌溉系统等小型水利工程（付仕伟，2011）。本书所涉及的水土保持工程技术主要包括梯田、台地等治坡工程。

（二）水土保持生物技术

水土保持生物技术，也叫水土保持林草措施或是植物措施。水土保持生物技术主要是通过造林和种草等方式来增加植被覆盖率，以此防治水土流失，进而提高土地生产力（付仕伟，2011）。主要是利用自然生物进行土壤的修复并提高土壤的蓄水能力和抗蚀能力。可以涵养水源、保持和改良土壤、提高土壤的抗蚀性和改善生态环境（应恩宇，2018）。本书所涉及的水土保持生物技术主要包括造林、种草。

（三）水土保持耕作技术

水土保持耕作技术，主要通过增加植被覆盖或改变坡面微小地形等方法，以此来保持水土，进而促进农业生产（付仕伟，2011），或者主要根据土地的具体情况进行合理的耕种，防止水土流失（应恩宇，2018）。包括等高耕作、等高带状间作、沟垄耕作、少耕免耕等。本书所涉及的水土保持耕作技术主要包括沟垄耕作、少耕免耕。

水土保持技术的种类较多，本研究中的水土保持技术具体包括工程技术（梯田、台地等治坡技术）、生物技术（造林、种草等）、耕作技术（沟垄耕作、少耕免耕等）。本研究水土保持技术分类及具体内容如表6-1所示。

表6-1 水土保持技术分类及具体内容

水土保持技术类型	具体技术
水土保持工程技术	梯田、台地等治坡技术
水土保持生物技术	造林、种草
水土保持耕作技术	沟垄耕作、少耕免耕

三、农户水土保持技术采用行为

农户水土保持技术采用行为是指农户以收益最大化为目标，充分配置所拥有的各种资源，在实际的农业生产过程中，采用水土保持技术的经济决策过程。农户对农业技术的采用行为不是一个单一的静态决策行为，而是一个动态的过程，从最开始的先听说，对其进行了解认知，形成对技术的评价，认可了之后再决定采用，农户农业技术的采用过程被很多学者研究所证实（贾蕊，2018；吴雪莲，2016；乔丹，2018）。本书所界定的农户水土保持技术采用，包括农户水土保持技术认知、农户水土保持技术采用决策、农户水土保持技术实际采用（农户水土保持技术选择、农户水土保持技术采用程度）、农户水土保持技术持续采用以及农户水土保持技术采用的效应。具体如下。

（一）农户水土保持技术认知

水土保持技术具有经济效益、生态效益、社会效益。水土保持技术的经济效益表现在增产价值和增收价值。水土保持技术能够防止耕地变薄，防止耕地数量和质量下降，能够提升土地生产力进而增加粮食产量，同时减少耕地中的肥力流失，减少投入成本，能够促进农户收入的提高。生态效益主要体现在水土保持技术能够改善生态环境（王刚，2007；黄晓慧等，2019）。

在本书中，农户水土保持技术认知具体是指农户对水土保持技术所带来的增加产量、增加收入和改善生态环境的认知。为反映农户对水土保持技术增加产量、增加收入和改善生态环境的认知，采用李克特（Likert）五级量表对其进行赋值，"没有作用"用"1"表示，"作用较小"用"2"表示，"一般"用"3"表示，"作用较大"用"4"表示，"作用非常大"用"5"表示。

（二）农户水土保持技术采用决策

本书所涉及的农户水土保持技术采用决策是指农户所做出的是否采用水土保持技术的决定。农户水土保持技术采用决策包括农户采用和不采用水土保持技术两种决策，是一个二元决策选择问题，当农户做出采用水土保持技术的决策，赋值为"1"，不采用，赋值为"0"。

（三）农户水土保持技术实际采用

由于水土保持技术是由工程技术、生物技术、耕作技术组成的技术包，农户会在技术包中进行不同技术的匹配组合（Willy et al.，2014）。因此，在农户做出了水土保持技术采用决策之后，会面临采用何种水土保持技术的技术选择问题以及采用几种的采用程度问题。本书中的农户水土保持技术实际采用主要包含农户水土保持技术选择和农户水土保持技术采用程度两个方面。

1. 农户水土保持技术选择

水土保持技术包括工程技术、生物技术、耕作技术，涉及技术的选择采用行为。因此，本书中农户水土保持技术选择指农户对工程技术、生物技术和耕作技术的选择行为。这里涉及 3 个二元选择问题，第一个二元选择模型，如果农户采用工程技术，则赋值为"1"，不采用，赋值为"0"；第二个二元选择模型中，如果农户采用生物技术，则赋值为"1"，否则赋值为"0"；第三个二元选择模型中，如果农户采用耕作技术，则赋值为"1"，否则赋值为"0"。

2. 农户水土保持技术采用程度

由于水土保持技术是由工程技术、生物技术、耕作技术组成的技术包，农户会在技术包中进行不同技术的匹配组合（Willy et al.，2014）。因此，农户在实际的农业生产过程中可能不止采用一类水土保持技术，可能采用多种水土保持技术。本书中农户水土保持技术采用程度是指农户采用水土保持技术的种类。其取值范围是 0～3。

（四）农户水土保持技术持续采用

由于农户对水土保持技术的采用并不是一成不变的，农户在采用了水土保持技术之后，亲自体验了水土保持技术的效果，从而会根据自身的实践情况考察水土保持技术的采用效果，从而可能改变水土保持技术采用预期，进而对水土保持技术采用决策做出调整。如果农户采用水土保持技术后取得了很好的效益，其可能会持续采纳，相反，农户采用水土保持技术后认为效果不理想，可能就不会持续采用水土保持技术（薛彩霞，2018）。因此，本书中农户水土保持技术持续采用是指农户在未来的较长一段时间里会持久采用水土保持技术的意向，属于水土保持技术采用后行为的一种。是一个二元决策选择问题，当农户具有持久采用水土保持技术的意向，赋值为"1"，否则，赋值为"0"。

（五）农户水土保持技术采用效应

水土保持技术采用效应包含经济效应、社会效应和生态效应，可以用技术采用率、增产效果、技术效率、增收效应和生态效应等指标进行衡量。由于本研究中主要考察的是农户水土保持技术采用的经济效应和生态效应，因此选择农业产出来衡量技术采用的经济效应，选择生态效果评价来衡量技术采用的生态效应。

四、资本禀赋

资本禀赋包含内容丰富，在具体的研究中，不同学者将资本禀赋进行了不同归类。Scoones（1998）认为家庭资产包括自然资本（NC）、人力资本（HC）、金融资本（FC）、和社会资本（SC）四大类。英国国际发展部（2000）将生计资本划分为物质资本（MC）、自然资本（NC）、人力资本（HC）、社会资本（SC）和金融资本（FC）等五大类。在相关研究的基础之上，本书将资本禀赋划分为人力资本（HC）、社会资本（SC）、物质资本（MC）、金融资本（FC）、自然资本（NC）五大类。本书参考已有相关研究，结合农户水土保持技术采用的实际特点，构建适用于农户水土保持技术采用的资本禀赋测量指标体系（表6-2）。

表6-2　农户资本禀赋评价指标体系

一级指标	二级指标	三级指标
资本禀赋	人力资本禀赋（HC）	兼业情况 受教育程度 劳动力数量
	自然资本禀赋（NC）	耕地面积 林地面积
	物质资本禀赋（MC）	住房类型 交通工具数量 农用机械数量
	社会资本禀赋（SC）	是否是村干部 来往人数 相互信任 相互帮助
	金融资本禀赋（FC）	年总收入 是否借贷

（一）物质资本禀赋

物质资本（MC）是指便于农户生产生活且除去自然资源的物质，主要包括生产生活所需的各类物资设备等，能够使农户农业生产更加有效。邝佛缘（2016）在研究生计资本影响农户宅基地流转意愿中，用是否买过城镇商品房、家庭是否拥有农机具、家庭宅基地的数量测度农户的物质资本（MC）。张童朝等（2017）以农户家庭所拥有的农用机械、家用电器数量和住房条件来衡量农户的物质资本水平。冯晓龙（2017）选择通信设备、交通工具及生产性资产衡量农户物质资本。本书结合相关研究和研究区域内农户的生产生活情况，选择房屋类型、农机数量、交通工具种类作为测量物质资本的指标（表6-2）。房屋类型、农机数量、交通工具种类是对农户农业生产具有重要影响的物质资产。

（二）自然资本禀赋

农业是高度依赖自然资源的产业，土地是农业生产过程中重要的投入要素（高圣平，2014），可以为农户提供最基本的生存保障，是农户最重要的自然资产。袁梁等（2017）选择耕地面积和林地面积代表农户和家庭的自然资本。许汉石和乐章（2012）选择拥有耕地和实种耕地衡量自然资本。张童朝等（2017）选择地形、土地规模、块均面积和土地质量来衡量农户的自然资本。本书结合相关研究和研究区域内农户的生产生活情况，选择农户所拥有的耕地面积和林地面积作为测量自然资本的指标（表6-2）。

（三）人力资本禀赋

人力资本禀赋（HC）是指个人拥有的用于谋生的知识、技能、能力和健康状况（赵雪雁，2011）。苏芳等（2009）认为人力资本水平取决于家庭劳动力的人数、家庭规模、技能水平以及健康状况等因素。张童朝等（2017）以农户家庭劳动力数量、农户文化程度和健康状况表征人力资本。许汉石和乐章（2012）选择受教育年限、家庭总劳动力和健康状况表征人力资本。本书结合相关研究和研究区域内农户的生产生活情况，选择家庭劳动力数量、受教育程度、兼业情况作为测量人力资本的指标（表 6 - 2）。

（四）金融资本禀赋

金融资本（FC）主要是指农户可支配和可筹措的现金，包括家庭年现金收入、农户从各种渠道筹措的资金和农户获得的政府救助和补贴（杨云彦，2009），伍艳（2015）以获得信贷的机会、获得补贴的机会以及家庭年收入来衡量金融资本禀赋。本书结合相关研究和研究区域内农户的生产生活情况，选择家庭总现金收入、是否获得借贷作为测量金融资本禀赋的指标（表 6 - 2）。家庭总现金收入主要包括种植业、养殖业、非农就业收入和转移支付收入，是否获得借贷主要是指是否通过银行、信用社、亲友或私人贷款机构借贷款。

（五）社会资本禀赋

社会资本（SC）是指人们实现生计目标所需的社会资源，包括社会关系网络、信任与互惠规范等部分（杨云彦等，2012）。张童朝等（2017）以社会参与、信任与互惠规范来测度农户社会资本。冯晓龙（2017）选择与周围人信任程度、人情成本、是否担任村干部和通信费用表征社会资本。本书结合相关研究和研究区域内农户的生产生活情况，选择是否是村干部、来往人数、相互信任和相互帮助作为测量社会资本禀赋的指标（表 6 - 2）。

五、政府支持

农户水土保持技术采用行为受到政府支持的影响。李曼等（2017）从资金支持和技术推广指导来表示政府支持。王建华（2015）主要从政府组织培训、合理宣传、给予补贴等来考量政府农产品安全风险治理行为。

根据农业生产实际及已有相关研究，本书将政府支持主要通过政府宣传、政府推广、政府投资、政府组织和政府补偿等 5 个方面表示（表 6 - 3）（黄晓慧等，2019）。

表 6 - 3　政府支持评价指标体系

一级指标	二级指标	指标含义
政府支持	政府宣传	政府是否开展过与水土保持技术相关的宣传活动
	政府推广	政府是否开展过与水土保持技术相关的推广活动
	政府投资	政府是否对当地水土保持技术进行过投资
	政府组织	政府是否组织过实施水土保持技术
	政府补偿	是否接受过政府的生态补偿

第七章　理论基础

一、农业技术采用行为理论

（一）"理性小农"理论

农户行为理论主要探究面临一定的外部环境情况下，农户的行为决策情况（蒋磊，2016）。在探究农户行为时，主要基于"理性小农"理论。此学派的代表人物是美国经济学家舒尔茨，他在 1964 年出版了著作《传统农业的改造》，此书中他将"经济人"的假设运用到传统农民的研究领域中，他指出农户的农业生产率由于受到传统农业思想的禁锢、农业技术缺乏创新和农户农业生产特征固定化等的影响变得低下并陷入贫困。但是他认为，在传统的农业生产过程中，这并不代表着农户是愚昧无知的，资源配置效率是低下的。相反，他认为农户是"经纪人"，具有进取精神和追求利润最大化，在农业生产中，往往会较好地配置生产资料，做出理性的决策。这种追求利润最大化的农业生产决策与企业类似，因此可以采用资本主义企业经济学原理分析农户行为（石洪景，2013）。他认为农户农业生产效率低下是由生产要素边际投入递减规律导致的，并指出可以通过现代农业技术等的发展来促进效率提高，使农户突破"贫困陷阱"。后来，波普金对舒尔茨理论进行深入研究，在 1979 年出版了《理性的小农》，指出农户对长短期利益和风险因素进行权衡之后，做出理性的农业生产决策，目标是追求利益最大化，进一步验证了舒尔茨的"理性经济人"的假设（王娜，2016）。

(二) 农业技术采用过程理论

Rogers（1962）的创新决策理论将农户技术采用过程分为"认知→说服→决策→实施→确认"五个连续的阶段，认为农户技术采用过程是从最初技术认知到最终确认的完整过程，认知是指农户通过多种渠道和途径获取关于某种农业技术的相关信息，初步了解农业技术的特征、作用功能和使用方法等；说服是指农户进一步收集技术相关资料，获取更多的技术信息以此掌握新技术的操作原理和方法等，从而降低技术采用风险；决策是指农户在前两个阶段基础上，做出是否采用该新技术的决策；实施是指农户在决定采用的基础上，会进行小规模采用来试用新技术，以此来降低未来技术采用带来的不确定性；确认是指农户会根据前期使用效果等做出是否采用新技术的决策。Spence（1986）认为农户先通过搜集获取与新技术相关的信息，对该技术有一定的认知，对新技术产生兴趣，然后小规模采用新技术。在农户尝试采纳后，根据采纳情况判断对新技术是否满意，当农户对新技术满意会采用该技术，如果不满意个体会拒绝采用该技术。Kijima 等（2009）认为农户农业技术采用包括采用阶段和持续采用阶段。Lambrecht 等（2014）认为技术采用包含认知阶段、试采用阶段和持续采用阶段。

(三) 农业技术采用行为理论对本研究的启示

农户面临水土流失时水土保持技术的采用行为，与现代经济学基本假设"人的行为是理性的"是符合的（石洪景，2013）。因此，在研究此问题的时候，需要基于"理性小农"理论，从而为农户水土保持技术采用行为的实证分析奠定理论基础。农户在面临水土流失时会理性考量自身面临的内外部制约条件，进行权衡，做出是否采用水土保持技术采用的效用最大化的决策（石洪景，2013）。在本书中，其中内部制约条件包括农户的个体和家庭的资本禀赋情况，也就是其所拥有的物质资本（MC）、自然资本（NC）、人力资本（HC）、社会资本（SC）和金融资本（FC）情况，外部制约条件包括政府支持的相关情况。因此，本书在考察农户水土保持技术采用行为时，假定农户在理性考量自身特定的资本禀赋和政府支持情况下，对存在的各种风险和收益进行理性权衡之后，然后，做出是否采用水土保持技术的效用最大化的决策的一种"理性行为"（石洪景，2013）。

　　作为农业生产技术的一类，农户水土保持技术采用行为符合农业技术采用过程理论。因此，本书基于农业技术采用过程理论，结合水土保持技术采用的具体特征，将农户水土保持技术采用过程划分为认知阶段、决策阶段、实际采用阶段、持续采用阶段（图7-1）。农户决定采纳水土保持技术以及最终决定在多大程度上采纳水土保持技术是一个复杂的心理过程，具体而言，首先要对水土保持技术有所认知，在认识到水土保持技术的采用有助于增加产量、提高收入、保护环境、解决农业生态退化的问题，并且技术对农户而言具有实际的可操作性及经济上的可行性，农户决定是否采纳水土保持技术，若农户决定采纳，那么他还要考虑采纳哪种水土保持技术以及技术的采纳程度。进一步，农户会根据自身的技术采用情况积累采用经验，做出未来是否持续采用水土保持技术。其中，认知阶段通过农户对水土保持技术增产价值、增收价值和环境改善价值认知来表征；决策阶段通过农户水土保持技术采用决策来表征；通过农户水土保持技术选择、农户水土保持技术采用程度来表征实际采用阶段；通过农户对水土保持技术持续采用来表征持续采用阶段。这是一个逻辑严密的完整动态技术采用过程。所以，要完整地分析农户水土保持技术采用行为，必须针对农户水土保持技术采用行为每个阶段都进行研究。

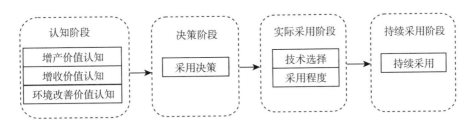

图7-1　基于农业技术采用过程理论的农户水土保持技术采用行为模型

二、可持续生计理论

（一）可持续生计分析框架

　　国际上从20世纪90年代开始关注"可持续生计"的概念。目前，学术界普遍认可和采用的生计的定义："生计是人们谋生的方式，以人们拥有的资产（自然资产、人力资产、物质资产、金融资产和社会资产）、能力（进行活动的权利和途径、制度和社会关系）和活动为基础"（Conway and Chambers，1992）。可持续性的生计是指，首先，当面临自然灾害等风险和经济社会变化时，不依靠外部力量，生计可以恢复。其次，不影响后代人的生计。最后，保障自然资源的永续利用能力（Scoones，1998）。最具有代表性和广泛被运用的是英国国际发展部提出的可持续生计分析框架 DFID，该框架运用物质资本（MC）、自然资本（NC）、人力资本（HC）、社会资本（SC）和金融资本（FC）五个方面表示生计资本。该框架主要是用来分析农户在面对市场、制度政策以及自然等因素造成的环境风险中，怎样利用其拥有的财产和能力采取策略来提高生计水平，对农户生计资本结构、生计过程和生计目标之间的交互变化和相互作用做出了很好的解释（图 7 - 2）（马兴栋等，2017）。

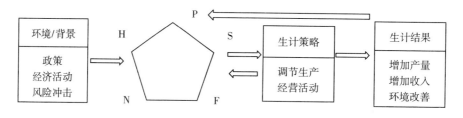

P：物质资本；H：人力资本；F：金融资本；N：自然资本；S：社会资本

图 7 - 2　DFID 可持续生计分析框架

（二）可持续生计理论对本文的启示

将 DFID 可持续生计分析框架应用到农户水土保持技术采用行为中，当农户在面对外部的水土流失冲击和耕地质量下降等生态环境问题时，农户会根据自身拥有的物质资本（MC）、自然资本（NC）、人力资本（HC）、社会资本（SC）和金融资本（FC）等禀赋情况，做出是否采用水土保持技术的理性化决策，来加以应对，避免水土流失对其造成的损失（马兴栋等，2017），实现家庭利益最大化，实现增产、增收和生态环境改善。

三、外部性理论

(一) 外部性理论的内涵

外部性包括正外部性和负外部性。当一个经济行为主体的活动给社会或其他经济活动主体带来收益，受益者不需要支付费用和付出代价，这种情况是正外部性，当经济行为主体活动给社会或其他经济活动主体的利益造成损害，造成损失的一方不需要承担任何损害成本，这就是负外部性（何可，2016）。

(二) 水土保持技术采用的外部性问题

通过外部性的定义可以看出，外部性同时发生在水土保持技术采用主体和其他主体上，包含生产和消费领域。当农户 A 积极采用水土保持技术时，即使农户 B 不采用，同样可以享受到采用水土保持技术所带来的生态环境的改善等方面的益处。B 农户的消费效应 U^B，是 A 农户的 U^A 以及他自身消费量 x_1，x_2，$\cdots$，x_n 的函数（何可，2016）。

$$U^B = g(x_1, x_2, \cdots, x_n; U^A) \qquad (7-1)$$

对于水土流失而言，水土流失的发生是负外部性问题。例如，农户不合理的农业生产活动（土地利用不当、破坏植被、不合理的耕作方式、滥伐森林、过度放牧等），破坏了水土资源，严重影响了人类的生活环境和经济发展（张大伟，2015），对于消费这些水和土壤的其他农户来说，就存在负外部性。相反地，农户采用水土保持技术，保障了当地的生态环境安全，会产生极大的经济效益、社会效益和生态效益，全社会可以不受空间地域限制享用到这些效益，这些收益没有被采用水土保持技术的农户独自享用，可以用农户的边际私人收益与边际社会收益之差来表示正外部性（何可，2016）。这种情况下，为了激励农户采用水土保持技术治理水土流失，发挥水土保持技术的效益，需要对这些农户进行补贴（张大伟，2015）。

水土保持技术的正外部性图示（图 7-3）。边际社会收益（MSB）大于边际私人收益（MPB），表示存在正外部性，正外部性（MEB）用 MSB 与 MPB 的差值表示（何可，2016）。根据上述的农户是"理性经济人"的假设，农户对水土保持技术采用水平是由边际私人收益（MPB）和边际成本（MC）共同决定（R_1），社会最优水平由边际社会收益（MSB）和边际成本（MC）共同决定（R^*）。很显然，R_1 小于 R^*。如果需要将农户水土保持技术采用水平由 R_1 提高到 R^*，则需要降低水土保持技术的投入成本。

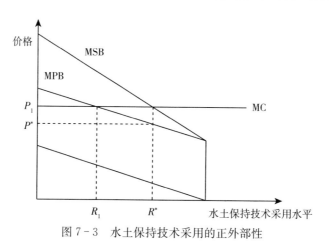

图 7-3　水土保持技术采用的正外部性

四、公共产品理论

非竞争性是指某人消费该商品，增加消费者人数也不会影响其他人消费此商品。非排他性是不支付价格的一些人也能对此商品进行消费。公共物品的效用可以不进行分割地提供给所有社会成员。水土保持技术采用作为一种环境商品，具有公共物品属性。第一是水土保持技术采用存在产权不明晰的现象。农户采用水土保持技术保护了水土资源和生态环境，其他农户不采用水土保持技术，甚至还对生态环境进行破坏，却也享受到其他农户采用水土保持技术治理水土流失所带来的好处，却没有向采用水土保持技术的农户支付费用，也就是说，这种保护环境的正外部性具有"单向"特点。对产权进行明晰是解决外部性问题的有效手段。但是，对这种正外部性的情况的产权进行界定往往由于成本非常高，因此在实际生活做不到（何可，2016）。因此，农户采用水土保持技术带来的水土流失减轻、生态环境的改善等外部效应，对现实生活中农户水土保持技术采用积极性造成很大影响。第二是水土保持技术采用具有非排他性，即不能阻止未采用水土保持技术的其他人免费享受采用水土保持所带来的好处，这不是哪一个农户专有的，如果缺乏外在制度的干预，市场无法激励农户采用水土保持技术，最后导致出现"搭便车"行为（何可，2016），整体的水土保持技术采用水平不高。第三是水土保持技术采用具有非竞争性。农户采用水土保持技术保护了水土资源和生态环境，其他农户不采用水土保持技术，甚至还对生态环境进行破坏，却不需要支付价格就可以享受到农户治理水土流失所带来的好处。水土保持技术采用的公共物品属性，导致市场"失灵"，使得依靠市场机制，不能完全发挥水土保持技术的效益。只有对农户进行补偿，才能够鼓励农户采用水土保持技术。

五、生态补偿理论

（一）生态补偿理论进展

从国内外生态补偿理论进展来看，主要有以下几个流派：①福利经济学说。其观点是不合理利用资源和污染环境具有外部性，资源配置不合理，因此需要生态补偿，使生产者的私人成本等于社会成本，以此提高整个社会的福利水平（赖力等，2008；陆文涛等，2011）。②利益博弈说。该学说认为，生态环境存在"囚徒困境"，生态补偿机制能够刺激经济主体走出这一困境，系统内部能够实现集体理性，实现外部影响的内部化（赖力等，2008）。③产权经济学说。通常界定产权的成本和市场产权转让的交易成本比较高，通过生态补偿可以降低经济主体采用行为的成本，以此界定了资源产权，使经济主体适度持续地开发和利用环境资源（赖力等，2008；陆文涛等，2011）。④心理学和行为学。认为补偿能够指导和塑造行为，能够改变经济主体的心理预期、选择偏好以及行为主体间的责任与义务关系（赖力等，2008）。⑤社会公义说。该学说认为生态补偿涉及社会公平，资源环境的产权界定和分配引起了不平等的发展权利，这需要补偿来弥补，使得其具有了促进社会和谐公平公正的责任。

（二）生态补偿理论对本文的启示

通过上文分析可知水土流失的负外部性、水土保持技术的正外部性，使得市场处于"失灵"状态，进而导致水土保持的效益难以通过市场机制来完全实现。因此，如果不补贴采用水土保持技术的农户，其不会主动采用。农户的边际私人成本和边际社会成本不相等，农户的边际私人收益和边际社会收益不相等，在社会收益大于农户边际私人收益时，这种正外部性情况下，使经济社会收益转化成私人收益，需要通过制度实现正外部性的内部化（刘迪等，2019）。通常通过征税、补贴、企业合并和谈判等手段实现外部性内部化，对于农业生产的正外部性来说补贴是最适用的方法。因此，要解决水土保持技术采用导致市场失灵，补偿是必要的（何可，2016）。政府通过补贴，减轻了农户的经济压力，因此激励了农户采用水土保持技术（刘迪等，2019）。

由于外部性的存在，需要考虑政府支持，主要包括政府宣传、政府农业技术推广服务、政府组织、政府投资和政府生态补偿等。农户在根据自身的资本禀赋做出决策的同时，政府支持政策也会对其水土保持技术采用行为产生一定的影响。

第八章 资本禀赋与政府支持对农户水土保持技术采用影响机理分析

一、资本禀赋与政府支持对农户水土保持技术认知的影响

（一）资本禀赋的影响

黄玉祥等（2012）基于陕西省农户调查数据，研究表明农户基本特征影响农户节水灌溉技术的认知水平。赵肖柯和周波（2012）研究表明受教育水平、收入水平、经营规模等家庭禀赋特征影响种稻大户的农业新技术认知。王静和霍学喜（2014）研究表明受教育程度和耕地面积能够提高农户技术认知。李莎莎等（2015）基于11个粮食主产省份的农户数据，研究表明农户的测土配方施肥技术认知受到农户自身特点、农户家庭资源禀赋特征的影响。储成兵和李平（2013）基于安徽省农户调查对象，研究发现农户对转基因生物技术的认知受到户主文化程度、社会资本、与村民交流的频率等禀赋特征因素的影响。吴雪莲等（2017）研究表明农户绿色农业技术认知深度受到受教育程度、兼业情况等禀赋特征的影响。何可等（2014）研究表明农业收入占比正向影响农户资源性农业废弃物循环利用的价值感知。顾廷武等（2016）研究表明受教育程度、家庭收入、耕地面积正向影响农户作物秸秆资源化利用的福利响应程度。邢美华等（2009）研究表明，人均耕地面积正向影响农民环保认知。王常伟等（2012）研究表明，农业收入占比正向影响农户对环境的认知程度。

（二）政府支持的影响

赵肖柯和周波（2012）研究表明种稻大户的农业新技术认知受到政府宣传、农业示范户、大众媒体、企业宣传推广等的影响。李莎莎等（2015）基于 11 个粮食主产省份的农户数据，研究表明农户的测土配方施肥技术认知受到外部环境的影响。储成兵和李平（2013）基于安徽省农户调查对象，研究发现农户对转基因生物技术的认知受到国家良种补贴项目县、参加转基因生物技术培训等因素的影响。吴雪莲等（2017）研究表明农户绿色农业技术认知深度受到技术指导频数的影响。叶琴丽等（2014）研究表明政府的补贴力度对集聚农民的共生认知具有显著的正向影响。马爱慧等（2015）研究表明农民对环境保护政策的认知程度影响其耕地保护行为。

二、资本禀赋与政府支持对农户水土保持技术采用决策的影响

（一）人力资本禀赋的影响

劳动力数量代表人力资本的数量，受教育程度代表人力资本的质量，兼业情况可以反映出农户的技能情况。李卫等（2017）研究发现户主受教育程度较高、对保护性耕作技术认知度较高的风险偏好型农户倾向于采用保护性耕作技术。喻永红等（2009）研究结果表明决策者的年龄、受教育程度、工作性质、以及家庭规模、未成年人数量对农户采用水稻 IPM 技术的意愿具有显著影响。丰军辉（2014）研究表明受教育程度对农户秸秆能源化需求产生了显著的正效应。劳动力数量和受教育程度是农户家庭进行农业再生产的基础，是农户运用其他资本应对水土流失变化的前提，一方面，水土保持技术需要投入一定的劳动力，劳动力数量越多，越有可能采用水土保持技术，农户受教育水平越高，可能更加重视水土流失的治理与水土保持技术的采用，兼业能够提高农户人力资本，影响着农户对水土流失变化及其水土保持技术的认知。人力资本水平积累有利于农业环境效率的提升（姚增福，2018），从而为水土保持技术的采用提供知识储备和生产能力（田云，2015）。另一方面，农户受教育水平越高，从事非农工作的概率越大，劳

动力数量越多，从事非农工作的概率越大，越会抑制农户采纳水土保持技术。

（二）自然资本禀赋的影响

农业高度依赖土地等自然资源（高圣平，2014；张童朝等，2017），可以为农户提供最基本的生存保障，是农业生产过程中重要的自然资本禀赋。地形越好、规模越大、分布越集中越能够促进农户绿色农业生产的投资意愿（张童朝等，2017）。高瑛等（2017）研究表明，耕地特征对农户采纳生态友好型农田土壤管理技术具有重要的影响。赵连阁等（2012）研究表明耕地规模、耕地块数影响着农户采用物理防治型 IPM 技术和生物防治型 IPM 技术。李卫等（2017）研究发现耕地细碎化程度对农户保护性耕作技术采用程度具有负向影响。因此，自然资本禀赋（NC）越好，越会促进农户采用水土保持技术（田云，2015）。

（三）金融资本禀赋的影响

毕茜（2014）认为收入相对较高的农户一般更有经济实力去付出技术投入，并承担采用环境农业技术可能带来的风险。吴丽丽等（2017）研究表明家庭劳均年收入、非农收入占比等经济资本禀赋影响农户采纳劳动节约型技术的积极性。农户的金融资本禀赋越丰富，越具有较强的风险承担能力，农户越有资金投入到水土保持技术的采用（Maslow，1943；张童朝等，2017；刘可等，2019）。一方面，水土保持措施作为一项支出活动，当农户的经济状况越好，其经济压力会更小，越可能采用水土保持技术。家庭总现金收入为农户采纳水土保持技术提供资金保障，当农户家庭总现金收入不足时，可能需要通过借贷来弥补。另一方面，金融资本高的农户可能更多地从事非农就业，务农机会成本高，可能会抑制农户采纳水土保持技术。

（四）物质资本禀赋的影响

物质资本越好，越能够保障农户从事高效的农业生产活动（邝佛缘等，2016）。张童朝等（2017）认为物质资本禀赋等水平的提升可显著增强农户秸秆还田的投资意愿。农用机械的使用可以使农户生产效率得到极大提高（张童朝等，2017）；交通工具在农户进行农业生产投资和销售过程中具有重要作用（冯晓龙，2017），此外，在一定程度上，物质资本代表了农户的生活水平，物质资本越好，生活水平越高，则更加追求生活质量和环境改善，自然更愿意采纳具有经济效益和生态效益的水土保持技术。

（五）社会资本禀赋的影响

社会资本是指人们实现生计目标所需的社会资源，包括社会关系网络、信任与互惠规范等部分（杨云彦等，2012）。信任的影响：何可、张俊飚（2015）研究表明人际信任、制度信任在农民农业废弃物资源化利用的决策中发挥着显著促进作用。冯晓龙（2017）研究表明，农户对周围人的信任程度正向影响其气候变化适应性行为。社会网络的影响：褚彩虹等（2013）分析发现，农户采用环境友好型农业技术行为受到农户是否参加专业合作社的影响。朱萌等（2016）研究表明参加农民专业合作社的种稻大户比不参加农民专业合作社的种稻大户更能促进环境友好型技术的采用。冯晓龙（2017）研究表明，与普通农户相比，村干部的受教育水平较高，其社会网络更丰富。互惠规范指两个行动者相互依赖的关系，可以激励农户从事水土保持技术等公共事务（Gouldner，1960）。农户与周围人越相互帮助和相互信任，其集体行动的可能性越大，进而促进农户采用水土保持技术（贾蕊，2018）。

（六）政府支持的影响

政府推广、补贴能够正向影响农户测土配方施肥等环保型技术和资源节约型技术的采纳行为（邓祥宏等，2011）、农户采用保护性耕作技术（李卫等，2013）、农户采用节水灌溉技术（王格玲等，2015；李曼等，2017）、农户采用水土保持技术（黄晓慧等，2019）。

三、资本禀赋与政府支持对农户水土保持技术采用程度的影响

（一）自然资本禀赋的影响

李卫等（2017）利用黄土高原地区陕西、山西两省476户农户的调研数据，研究表明整套采用保护性耕作技术体系的农户比例很小，耕地细碎化程度对农户保护性耕作技术采用程度具有负向影响。贾蕊等（2018）研究表明种植面积对农户采用水土保持措施的种类具有正向影响。耿宇宁等（2017）研究表明土地细碎化程度对农户采纳绿色防控技术具有负向影响。

（二）社会资本禀赋的影响

农户间的频繁交流、网络学习对农户保护性耕作技术的采用程度具有显著的正向影响（李卫等，2017）。贾蕊等（2018）研究表明农户集体行动参与程度越高，采用水土保持措施的种类越多。耿宇宁等（2017）研究表明社会网络对农户绿色防控技术的采纳程度具有正向影响。

（三）金融资本禀赋的影响

李卫等（2017）研究表明家庭收入水平正向影响农户保护性耕作技术的采用程度。贾蕊等（2018）研究表明农业收入占家庭总收入的比重越高，采用水土保持措施的种类越多。耿宇宁等（2017）研究表明风险偏好型农户，农户家庭人均年收入越高，采纳绿色防控技术的可能性越大。

（四）人力资本禀赋的影响

贾蕊等（2018）研究表明中年农户，户主文化程度越高，采用水土保持措施的种类越多。

（五）政府支持的影响

李卫等（2017）研究表明政府补贴能够促进农户保护性耕作技术的采用程度的提高。贾蕊等（2018）研究表明政府补贴与技术推广支持力度越大，

采用水土保持措施的种类越多。耿宇宁等（2017）研究表明经济激励对农户对绿色防控技术的采纳程度具有正向影响。

四、资本禀赋与政府支持对农户水土保持技术持续采用的影响

（一）资本禀赋的影响

薛彩霞等（2018）研究表明户主受教育程度越高，越会抑制其持续采用节水灌溉技术。乔丹（2018）研究表明受教育程度正向影响农户未来增加节水灌溉技术采用面积的愿意，农业劳动力数量对农户未来增加节水灌溉技术采用面积的愿意具有负向影响，农业劳动力占比系数具有正向影响。陈儒等（2018）研究表明农户个体特征对农户低碳农业技术后续采用意愿产生重要影响。受教育程度、兼业情况正向影响农户低碳农业技术后续采用意愿。

（二）政府支持的影响

薛彩霞等（2018）研究表明补贴对农户持续采用节水灌溉技术具有促进作用。乔丹（2018）研究表明交流频繁程度和推广次数对未来农户节水灌溉增加采用面积有正向影响。徐涛等（2018）研究表明补贴政策正向影响农户节水技术后续采用意愿。陈儒等（2018）研究表明政府推广正向影响农户低碳农业技术后续采用意愿。

五、农户水土保持技术采用的效应

关于农户水土保持技术的效应，大多包括经济效应、社会效应和生态效应。

（一）经济效应

耿宇宁等（2018）研究表明绿色防控技术、平衡施肥技术、人工释放天敌技术、果实套袋技术和果园生草技术具有显著的经济效应。受教育水平、家庭收入结构、劳动投入正向影响猕猴桃产量。穆亚丽等（2017）研究表明

控制其他条件，农户沼肥还田可能性每增加 1%，单位面积农地产值提高 0.07%（10.81 元/公顷），具有一定的经济效应。户主年龄、耕地面积对农地产出具有正向影响。杨宇等（2016）研究表明灌溉适应行为能够抵御和减缓严重干旱事件造成的小麦单产损失，增加 0.9 次灌溉，可以挽回 14.2% 的小麦单产损失。李卫等（2017）研究表明保护性耕作技术对作物产量有显著的正向影响，种子费用、灌溉费用、机械服务费用、土地经营规模对作物产量有正向影响。黄腾等（2018）研究表明有效节水灌溉技术采用有助于农业亩均收入增长 19.66%。冯晓龙等（2017）研究表明气候变化适应措施对作物产量有显著的正向影响。户主年龄、人均果园面积、要素投入、参加合作组织均对苹果产出有显著影响。罗小娟等（2013）研究表明农户采用测土配方施肥技术对水稻产量具有促进作用。农户家庭规模正向影响水稻产量。农户主观风险指数能够促进水稻产量。

（二）生态效应

耿宇宁等（2018）研究表明绿色防控技术、平衡施肥技术、人工释放天敌技术、果实套袋技术、果园生草技术、杀虫灯技术具有显著的环境效应。罗小娟等（2013）研究表明测土配方施肥技术具有环境效应。农户采纳测土配方施肥技术能够减少化肥施用量。

六、理论分析框架

农户利益最大化的决策主要是权衡自身和外部的情况做出的。本书内部因素主要是指资本禀赋。外部因素主要从政府支持政策进行分析。资本禀赋为农户采纳水土保持技术行为提供了可能性或者制约，政府支持为农户采纳水土保持技术行为提供了激励或者约束作用，同时，在一定情况下可以改变资本禀赋的作用（张宁，2007；胡松等，2016），即政府支持政策不仅可以直接影响农户采用水土保持技术，同时能够调节资本禀赋影响农户水土保持技术采用行为的关系（刘滨等，2014）。由于受到资本禀赋、政府支持的共同影响，农户才表现出不同的水土保持技术采纳行为决策（张宁，2007；胡松，2018）。

基于上述分析，构建本研究的理论分析框架（图 8-1）。

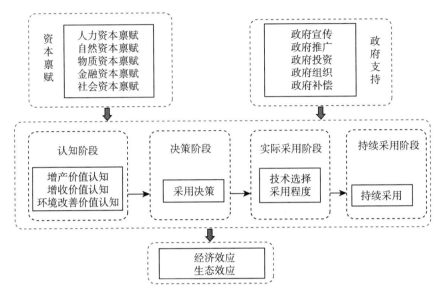

图 8-1　资本禀赋与政府支持对农户水土保持技术采用行为影响机理图

本篇小结：这一篇主要对本研究所涉及的水土保持技术、水土保持技术采用行为、资本禀赋、政府支持等相关概念的内涵与外延进行了阐释和界定，并在相关理论体系指导下，将农户水土保持技术采用划分为不同采用阶段，构建本研究的理论分析框架，为后文研究奠定了理论基础和实证分析框架。本篇中相关概念的界定和影响机理分析奠定了本书研究的基础。主要研究结论如下。

（1）相关理论对本书的启示：农户水土保持技术采用行为符合"人的行为是理性的"这一基本前提。因此，本书在考察农户水土保持技术采用行为时，假定农户的行为是其在面对特定的内部条件（资本禀赋）和外部环境限制（政府支持）下，充分权衡风险和收益之后做出利益最大化决策的一种"理性行为"。将农户水土保持技术采用过程划分为认知阶段、决策阶段、实际采用阶段、持续采用阶段、效应评价阶段。农户会根据家庭拥有的资本禀赋情况，做出是否采用水土保持技术的理性化决策，实现家庭利益最大化。要弥补水土保持技术采用导致市场失灵，顺利实现水土保持技术的效益，一种行之有效的方法是通过生态补偿的方式。

（2）对相关理论和文献进行梳理，构建了"资本禀赋、政府支持—农户水土保持技术采用行为"的理论逻辑分析框架。

第三篇

黄土高原区农户水土保持技术采用现状分析

在第二篇相关概念、理论基础和影响机理的基础上，在本篇中，首先，对黄土高原地区水土流失现状、危害及水土流失治理进展进行梳理。其次，介绍本书所用的数据的调查地点和调查内容，并简单描述调研区域样本农户的基本特征。再次，利用微观农户调研数据，对农户技术认知、采用决策、实际采用、持续采用、采用效果、政府支持情况进行描述统计。最后，总结样本区域内水土保持技术推广和采用过程中存在的主要问题，为后文研究奠定现实基础。

第九章　黄土高原区水土流失现状、危害及治理进展

一、黄土高原区水土流失现状

土地是我们赖以生存和发展的重要的基本资源，然而，随着经济社会的快速发展，人们加大对土地资源的开发力度，生态平衡遭到破坏，导致土壤盐渍化、土壤沙化、土壤贫瘠化、水土流失等现象越来越严重。目前，水土流失已经成为世界面临的严重危机之一，是全球严重的灾害之一，受到了各国普遍的重点关注。我国水土流失的面积占将近我国国土总面积的 50%，远超 400 万平方千米（王勇，2011）。我国的水土流失类型比较多，包括具有不同特点的水力侵蚀、风力侵蚀、滑坡泥石流和冻融侵蚀等，多种类型可能同时出现（李双秋，2014）。水土流失现象差不多普遍分布在我国每个地区，每个省、市都相继发生。我国七大流域和内陆河流域都会发生不同程度的水土流失。黄土高原位于我国中北部，东至太行山，西起日月山，北抵阴山，南靠秦岭，总面积 64.2 万平方千米，然而水土流失面积高达 45.4 万平方千米，其中水蚀面积 33.7 万平方千米，风蚀面积 11.7 万平方千米。平均每年 16 亿吨泥沙输入黄河三门峡以下，其中淤积在下游河床的高达 4 亿吨，每年造成黄河下游河床平均增高 10 厘米，地上悬河现象明显（张春萍，2011）。

二、黄土高原区水土流失特点

黄土高原地区水土流失主要有以下几个特点。

（一）面积广阔

该地区普遍都存在水土流失，侵蚀程度不一。侵蚀模数每年大于 1 000 吨/平方千米的属于轻度以上水土流失，面积为 45.4 万平方千米，占全区土地总面积的 70.9％；侵蚀模数每年大于 5 000 吨/平方千米，占总面积的 29％。可见黄土高原地区水土流失面积广阔。

（二）流失强度大

目前，黄土高原地区平均水土流失量每年可达 3 500 吨/平方千米，有些甚至每年超过 25 000 吨/平方千米，黄河上、中游地区沟壑密集、土层发育深厚、土壤松散，加上每年 6—9 月份汛期暴雨频繁，引起流失量占总量的 60％，陕北地区长度大于 2.0 千米的沟壑就有 32 000 条。

（三）区域存在明显的差异

黄河上游地区（内蒙古托克托县河口镇以上流域），径流量占全河的 60％，是黄河水力资源最丰富地区，拥有多处大型农业基地，上游降水少、蒸发大，加之开采严重超标，虽然水土流失不严重，但透支了中游地区的水资源。黄河中游地区（河口镇至河南郑州桃花峪）是黄河泥沙的主要来源，占到 16 亿吨总量中的 9 亿吨，此段水土流失最为严重，与上下游区域存在明显差异，因此是水土流失治理的重点。

（四）产沙集中，成因复杂

产沙集中在黄土高原中丘陵沟壑区的小流域，其径流量占总径流量的 58.1％～67.3％，输入泥沙量占总泥沙量的 58.5％～68.3％。黄土高原地区存在多种类型的水土流失类型，包括面蚀、沟蚀、风蚀、滑塌等，不同类型治理措施不同，加大了水土流失治理难度。

三、黄土高原区水土流失危害

（一）威胁国家粮食安全

水土流失造成耕地数量和面积减少、耕层变薄、质量下降、土壤肥力下降、农作物产量降低，影响国家粮食安全。我国每年流失 50 亿吨土壤，造成土地生产力的下降甚至完全丧失。黄土高原整体地形落差较大，多数地区地面坡度在 35°～55°，平坦耕地面积低于 10%，地块较小并且分散，造成大规模机械化困难。黄土高原年平均流失厚度在 0.8～1.0 厘米，是土壤形成速度的 100 倍以上。土壤中流失大量氮、磷、钾等营养物质，使众多耕地变为跑水、跑土、跑肥的"三跑田"，加剧了耕地贫瘠（杨晓辉，2009；谢国昌，2013；李龙，2018）。

（二）地下水水位降低

黄土高原耕地面积约占全国总耕地面积的 14%，但水资源量仅占全国总量的 2%，而且该地区地下水资源超采超过 70%，非常严重。水土流失导致土壤存水能力变差，致使地下水补给不足，加上人们需水量的不断增加，不断地开采地下水，形成了恶性循环，加剧了地下水水位下降，严重影响人们生活质量（谢国昌，2013；李龙，2018；杨晓辉，2009）。

（三）植被覆盖率降低，沙尘暴频繁

水土流失可以导致土壤沙化，因而使得植被覆盖率不断下降。该地区受到季风严重影响，春秋时节，产生大量风沙，被带入北方内陆城市，导致内陆地区沙尘暴频繁（谢国昌，2013；李龙，2018；杨晓辉，2009）。

（四）严重威胁生态安全

随着水土流失，地形变得支离破碎，形成千沟万壑，土地上的植被遭到破坏，降低了植物与土壤的水源涵养能力，削弱生态系统调节功能，造成生态环境恶化，加剧了旱灾等自然灾害的发生，对生态安全造成很大威胁（谢国昌，2013；李龙，2018；杨晓辉，2009）。

（五）严重威胁防洪安全

由于大量的泥沙流入黄河，造成下游的淤积，河床不断变高，对两岸人们的生命财产安全造成威胁。淤积下游河床，加剧洪涝灾害，威胁防洪安全（谢国昌，2013；李龙，2018；杨晓辉，2009）。

(六) 限制了水资源的利用

由于大量的泥沙流入黄河，造成黄河含沙量高，泥沙能够淤堵水渠和水库，严重影响了其持续使用。黄河的高含沙量，导致在引水灌溉过程中，容易淤塞水渠，造成土地沙化。含有大量泥沙的水流入大海需要耗费大量的水资源，加剧了水资源的短缺，使可利用的水资源量减少（谢国昌，2013；李龙，2018；杨晓辉，2009）。

(七) 恶化农民生产生活条件，制约经济社会可持续发展

水土流失会携带农药、化肥和生活垃圾等进入水中，加剧生活用水污染，威胁饮水安全。耕地数量减少和质量的降低加剧了人地矛盾，引发贫困，危及后代的利益，不利于可持续发展（杨晓辉，2009；谢国昌，2013；李龙，2018）。

四、黄土高原区水土流失治理进展

水土流失的危害无一不在提醒我们，必须实施水土保持治理水土流失（张春萍，2011）。自新中国成立以来，党和政府十分重视黄土高原地区的水土保持工作，持续开展水土流失综合治理。黄土高原地区水土流失治理历程伴随着一系列水土保持方针、政策和法律法规的制定。不同水土保持阶段目标和任务、治理主体、政策的针对性和治理主导措施侧重等呈现不同的特征。从最初的开创探索治理，到全民治理，到小流域综合治理，到依法治理，再到生态治理，国家和政府持续致力于减轻土壤侵蚀、减少入黄泥沙、促进农业可持续发展、保护生态环境、提高生态安全。1950 年以来，黄土高原地区水土保持可以概括为以下 5 个阶段（表 9-1）。

表 9-1　黄土高原地区水土流失治理进展

阶段	主要内容	目标	治理主体	措施
开创探索阶段	变害河为利河	促进地方经济发展 治理黄河 农田高产稳产	当地群众	工程措施

（续）

阶段	主要内容	目标	治理主体	措施
全面投劳治理阶段	全面规划、综合治理	改善农业生产条件，发展农业生产	以群众力量为主，国家支援为辅	生物措施
小流域综合治理阶段	以小流域为单元，山水田林路统一规划	为生产建设服务	群众自力更生为主，国家扶持为辅	工程措施 耕作措施 生物措施
依法防治阶段	形成了较为完善的水土保持法规体系	防治水土流失，减轻灾害，合理利用水土资源，发展生产，改善生态环境	责任人和受益人	工程措施 耕作措施 生物措施
生态文明建设与修复阶段	把水土保持作为建设生态环境的主要内容	加强生态建设和环境保护	责任人和受益人	工程措施 耕作措施 生物措施

（一）开创探索阶段（20 世纪 50 年代）

由于黄河泥沙量高严重威胁人们的财产生命安全和生态安全，新中国成立后，国家开始重视黄土高原地区水土保持问题。为了解决黄河泥沙量高的问题，把"害河变为利河"治理黄河，将黄土高原地区水土保持正式列入国民经济建设计划。大力开展水土保持工作，起到了增加粮食产量和蓄水保土的作用，对水土资源进行了合理的开发利用（王飞等，2009）。并提出了"全面规划，综合开发，坡沟兼治，集中治理"的方针。水土保持工作不断地开展，公众积极参与到治山治水和水土保持中，具有很强的参与热情（刘景发等，2014）。这一时期水土保持目标是主要依靠群众的力量开展水土保持，因地制宜进行集中治理，促进地方经济发展与治理黄河并重（王飞等，2009）。

（二）群众全面投劳治理阶段（20 世纪 60—70 年代）

这一阶段水土保持工作开始全面规划、综合治理。这一时期水土保持投资主要以广大群众投劳为主，国家专项资金为辅。这一时期黄土高原水土保持的主体是以群众力量为主，国家支援为辅。成立了黄河中游水土保持委员会，确立了水土流失重点治理区。主要经历了重点治理阶段和全民治理阶段。这一时期，主要通过密切结合当地群众的生产和生活，综合治理荒坡、风沙、沟壑来开展水土保持。主要措施是封山育林和造林种草的生物措施。这一时期的水土保持主要是为了改善农业生产条件，保障农业生产（王飞等，2009）。

（三）小流域综合治理阶段（20 世纪 80 年代）

这一阶段，国家建立了水土保持补助费和小流域水土流失综合治理和重点治理的专项资金（刘景发等，2014）。采取"拍卖、承包、租赁、股份合作"等方式，不断推行以户承包治理小流域，积极鼓励广大群众进行投资投劳，激发了水土流失区"千家万户治理千沟万壑"的积极性，水土流失治理速度不断加快，这种模式效果很好，迅速在全国推广（彭珂珊，2013）。

这期间，开始开展小流域水土保持综合治理试点工作。因地制宜和各有侧重地积极发展农林牧多种经营，以小流域为单元，积极采取工程措施和乔灌草结合的生物措施进行治坡和治沟，集中连续治理（王飞等，2009；李敏等，2019）。提出了"广泛宣传，坚决保护，重点治理"的方针，要求在全国开展小流域综合治理。开展了国家重点治理工程，从此以小流域为单元的综合治理得以全面推广和实施（高照良等，2009）。要求各地加强水土保持的预防管护工作。这一阶段主要以小流域为单元开展水土保持，统一规划山水田林路。主要措施是生物措施、工程措施、耕作措施三类水土保持措施并用（高照良等，2009；姜鹏，2015）。黄土高原区水土保持的治理主体明确为责任人和受益人。

（四）依法防治与多元化投资治理阶段（20 世纪 90 年代前中期）

随着经济的发展，黄土高原地区水土流失和生态破坏问题日益突出，存在"边治理、边破坏"的现象。在进行开发建设项目的时候，需要对水土流失加以控制和预防，形成水土保持预防监督体系，必须通过机制创新和科技创新进行水土流失治理。标志着我国的水土保持工作走上了依法防治阶段的是这期间颁布实施了《中华人民共和国水土保持法》，开始进行规模治理。

随后，黄土高原地区相关省和区不断地出台了《〈水土保持法〉实施办法》和两费征收使用管理办法，这些都为水土保持工作的依法开展提供了法律依据（彭珂珊，2013）。还颁布了相关配套法规，由此形成了较为完善的水土保持法规体系。投资方面主要以政府投资为主，同时融合外资、民间资本。

（五）生态文明建设与生态修复阶段（20世纪90年代后期—至今）

这期间，国家不断增加水土保持投资（刘景发等，2014）。水土保持经费不断增加，因此水土保持工作取得了快速的推进。国务院通过《全国生态环境建设规划》，把水土保持作为建设生态环境的主要内容。国家对水土流失生态环境建设非常重视，将水土保持工程纳入国家基本建设程序管理（王飞等，2009）。党的十八大提出要大力推进生态文明建设战略，以及实施新的《中华人民共和国水土保持法》，为水土保持提供了新的政策支持。这一时期，水土保持投资主体包含个人、集体、地方、国家以及国际金融机构等（刘景发等，2014）。

五、黄土高原区水土流失治理成效

近年来，随着黄土高原地区水土保持技术的推广，取得了很大的治理成效。相关统计表明，到"十二五"末，黄土高原地区超过60％的水土流失面积得到了治理和改善，农户的土地利用方式也变得合理（李敏等，2019）。自1998年以来，我国水土流失治理面积不断增加（表9-2）。从表9-2中可以看出，我国水土流失治理面积从1998年的75 022千公顷增加到2017年的125 839千公顷，平均年增速为3.39％左右[①]。除2012和2013年水土流失治理面积略微减少外，我国水土流失治理面积总体呈增加趋势。

---

① 数据来源：根据国家统计局网站数据计算整理，http：//data.stats.gov.cn/easyquery.htm？cn＝C01.

表 9 - 2　1998—2017 年水土流失治理面积（千公顷）

年份	水土流失治理面积	年份	水土流失治理面积
1998	75 022	2008	101 587
1999	75 022	2009	104 540
2000	80 960	2010	106 800
2001	81 539	2011	109 664
2002	85 410	2012	102 953
2003	89 710	2013	106 892
2004	92 000	2014	111 609
2005	94 650	2015	115 578
2006	94 791	2016	120 412
2007	99 871	2017	125 839

第十章 数据来源与样本描述

一、数据来源

（一）确定调研区域

要从根本上解决水土流失与生态环境保护的矛盾，需要转变农户传统耕作方式观念，改变传统不合理的农业生产方式，实现可持续发展。本书的目的在于以农户为研究对象，以水土保持技术采用这一具体生态环境行为为例，研究资本禀赋与政府支持对农户水土保持技术认知、采用决策、技术选择、采用程度、持续采用的影响，以及水土保持技术采用的效应，进而有针对性地提出促进农户采用水土保持技术行为的政策建议。

研究资本禀赋和政府支持对农户水土保持技术采用的影响作用，必须选择有水土流失和水土保持技术采用和推广的地区。黄土高原区具有独特的资源优势和区位优势，在我国国民社会和经济发展中处于重要的地位，水土流失非常严重。因此，调研区域确定为黄土高原区。选择陕西、甘肃、宁夏两省一区进行实地调研。选择陕西、甘肃、宁夏两省一区进行调研主要基于以下三点：一是其属于黄土高原地区，水土流失比较严重。2015 年国务院公布的《全国水土保持规划（2015—2030 年)》中确定了 23 个国家级水土流失重点预防区和 17 个重点治理区，黄土高原地区分别占 7 个和 5 个，大多分布在黄土高原地区的陕西、甘肃和宁夏。二是该区域是国家水土保持技术推广区。近年来，政府高度重视水土保持工作，积极建设水土保持示范区，实施水土保持世行贷款项目，实施退耕还林工程，提供优先技术服务和物资供应等优惠政策，为黄土高原地区的水土保持生态环境建设管理起到了良好的指导示范作用，进一步调动了广大群众和社会力量投入水土保持的热情。三是近年来，陕西、甘肃、宁夏两省一区依托水土流失综合治理、水土保持世行贷款项目和退耕还林工程等项目，政府提供优先技术服务和物资供应等优惠政策，大力实施水土保持技术。因此，以上地点具有较好的代表性（黄晓慧等，2019）。

（二）选取调研样本

首先，为了保证抽样质量，能够反映总体，方便组织实施，本着节约人力物力财力等的原则，综合考虑调研的便利性和调研数据的可获得性等因素，本课题组确定于 2016 年 10—11 月对陕西、甘肃、宁夏两省一区进行实地调研。其次，依据分层比例随机抽样法，从每个被选中的调查区域按照从市到县（区）到乡（镇）再到村的层次逐层分别选取，分别每个省（区）选取 1 个市，其中，陕西省选取榆林市，甘肃省选取庆阳市，宁夏选取固原市，每个市选取 2～3 个县（区），榆林市选取米脂县、榆阳区和绥德县，庆阳市选择西峰区和环县，固原市选取原州区、彭阳县和西吉县。每个县（区）选择 1～5 个镇，每个村镇随机选择 2～5 个村，每个村随机抽取 15～20 个农户。最后确认为 3 省（区）8 个县（区）26 个镇（乡）62 个村 1 200 个农户。具体调研地点见表 10-1。删除重要指标缺失问卷，共得有效问卷 1 152 份，有效率达 96%。样本农户分布比例为陕西省占 33.25%，甘肃省占 33.42%，宁夏占 33.33%。

本书数据是由课题组所有成员针对所选择的调研区域和样本，通过问卷的形式进行入户调查。调查者逐题访问被调查者，依据其回答填写问卷，充分表达被调查人员的真实想法。在调查过程中，沟通中出现语言困难，找村干部进行帮忙。

表 10-1 调查地点分布

省份	县（区）	镇（乡）	村
陕西	米脂县	杨家沟镇、高渠镇、城郊镇、十里铺镇	管家咀村、李家寺村、高西沟村、赵家山村、党家沟村、镇子湾村、姜兴庄、高二沟村、张家沟村、周家沟村、坪家坪村
	榆阳区	镇川镇	张田村、高沙沟村、葛村、下湾村、张街村
	绥德县	四十里铺镇	赵家砭村、张王家圪劳村、崔家圪崂村、赵家沟村

（续）

省份	县（区）	镇（乡）	村
甘肃	环县	洪德镇、合道乡、曲子镇、环城镇、木钵镇	耿塬畔村、张塬村、陶洼子村、楼房子村、肖川村、张滩滩村、曹旗村
	西峰区	肖金镇、显胜乡、彭原镇、温泉镇	米王村、夏刘村、五郎铺、赵沟畎、何坳村、八里庙村、唐荀村、湫沟村、顾家咀村、五郎铺村
宁夏	原州区	官厅镇、寨科镇、张易镇	官厅村、中川村、东蒲村、沙沟村、西村头、大上马泉村、刘沟村、盐泥村、蔡川村、田堡村、刘沟村
	西吉县	河川镇、沙沟乡、偏城乡	上黄村、康沟村、东口村、村庄村
	彭阳县	彭阳镇、古城镇、红河镇、白阳镇、草庙镇	双磨村、高庄村、友联村、涝池村、和谐村、罗堡村、店洼村、韩堡村、长城村、小舍村

（三）调研内容

本次调研主要围绕以下 5 个部分展开。

1. 农户基本特征

包括个体特征（户主的年龄、受教育程度、性别、从事农业生产年限、民族、职业类型），家庭特征（家庭中是否有村干部或公务员、家庭人口、劳动力人数、住房类型和价值、交通工具类别和价值、农用机械的类别及价值）。

2. 家庭收支情况

收入情况（种田、林业、打工、养殖、经商、企事业单位、养老金、政府补贴等收入），支出情况（平均月食物支出、月话费支出、人情礼品支出、总支出等支出情况）。

3. 农业生产情况

耕地面积，林地面积，种植投入（种子投入、化肥施用、农药施用、雇工、水电费），种植产出（产量、出售量及售价）等。

4. 农户水土保持技术采用情况

主要包括农户对水土保持技术的认知、各种水土保持技术的采纳行为，采纳面积，采纳效果，不采纳的原因以及持续采纳意愿等。

5. 政府对农户水土保持技术采纳的支持情况

主要包括政府宣传、推广、投资、组织、补贴等。

二、样本描述

为把握样本农户基本特征，本章从户主性别、年龄、受教育程度、耕地面积、总收入、农业收入占比、劳动力数量、是否兼业等方面对样本农户进行描述性统计分析（表 10 - 2）。

表 10 - 2　样本农户的基本情况

变量	分类	户数（户）	比例（%）	变量	分类	户数（户）	比例（%）
性别	男性	1 114	96.7		不识字或识字很少	250	21.70
	女性	38	3.3		小学	267	23.18
年龄	20 岁以下	1	0.09	受教育程度	初中	519	45.05
	21~30 岁	20	1.74		高中或中专	109	9.46
	31~40 岁	128	11.11		大专及以上	7	0.61
	41~50 岁	334	28.99	农业收入占比	25%以下	600	52.08
	51~65 岁	504	43.75		25%~49%	214	18.58
	66 岁以上	165	14.32		50%~74%	128	11.11
家庭劳动力数量	1 人及以下	94	8.16		75%以上	210	18.23
	2 人	451	39.15	总收入	1 万元及以下	239	20.75
	3 人	201	17.45		1 万~3 万元	377	32.72
	4 人	256	22.22		3 万~5 万元	276	23.96
	5 人及以上	150	13.02		5 万~10 万元	194	16.84
耕地面积	5 亩及以下	438	38.02		10 万元及以上	66	5.73
	5~10 亩	287	24.91	是否兼业	是	489	42.45
	11~20 亩	280	24.31		否	663	57.55
	20 亩以上	147	12.76				

（一）性别方面

性别方面，种植户中户主以男性居多。样本农户中，男性户主 1 114 户，占样本比例为 96.7%，女性户主 38 户，比例为 3.3%，男性户主比重远高于女性，这与我国农村实际情况相符。

（二）年龄方面

年龄方面，农户呈现老龄化趋势。从户主年龄分布情况来看，其中户主年龄在 51～65 岁之间比例最高，达到 43.75％，41～50 岁之间的户主比例次之，为 28.99％，66 岁以上的占样本 14.32％，31～40 岁比例为 11.11％，30 岁以下比例为 1.83％，比例最小。因此，从户主年龄分布来看，农户老龄化现象较为明显。

（三）受教育程度方面

受教育程度方面，农户以初中文化程度为主。户主的受教育程度为初中的农户最多，占到总样本的 45.05％，文化程度为小学与没有接受过任何教育的户主比例较为接近，分别为 23.18％、21.70％，受教育程度为高中或中专的户主比例为 9.46％，而大专及以上文化程度的户主比例仅为 0.61％。因此，从户主教育程度分布来看，农户主要以初中文化水平为主，初中及以下占了很大比例，说明农户受教育水平不是很高。

（四）家庭劳动力数量方面

样本农户家庭主要劳动力人数为 2 人，占到总样本的 39.15％，家庭劳动力人数为 4 人的比例为 22.22％，家庭劳动力人数为 3 人的比例为 17.45％，家庭劳动力人数为 5 人及以上的比例为 13.02％，家庭劳动力人数为 1 人及以下的比例为 8.16％。

（五）耕地面积方面

从农户耕地面积分布情况来看，样本农户中，耕地面积在 20 亩以上的农户比例为 12.76％，种植规模小于 5 亩*的比例为 38.02％，5～10 亩的比例为 24.91％，11～20 亩的比例为 24.31％，说明，种植面积较小的散户较多，土地规模普遍较小，规模化程度不高，经营基本处于细碎化的状况。

---

* 亩为非法定计量单位，1 亩＝1/15 公顷。

（六）总收入方面

总收入方面，总收入较低。家庭总收入在1万～3万元的比例最高，占样本农户的32.72%，总收入在3万～5万元、1万元以下的比例差不多，分别占样本农户的23.96%、20.75%，总收入在5万～10万元的农户比例为16.84%，总收入在10万元以上的比重最小，占样本农户的5.73%，农户收入水平偏低且两极分化明显。

（七）农业收入占家庭总收入比例方面

农业收入占家庭总收入比例方面，农业收入占家庭总收入比例较低。从样本农户农业收入占家庭总收入比例分布来看，农业收入占总收入比例在25%以下的农户占到总样本的52.08%，农业收入占总收入在25%～49%之间和75%以上的农户比例差不多，分别为18.58%、18.23%，农业收入占比50%～74%的农户占样本农户的比例最低为11.11%。这表明，对于农户而言，目前其主要收入来源于非农收入，其农业收入占比比较低。

（八）兼业情况

从兼业情况来看，42.45%的受访农户都进行了兼业生产，57.55%的农户没有从事兼业。

三、样本农户认知情况

（一）农户水土流失严重程度感知

农户水土流失严重程度感知，统计结果如表10-3所示。

表10-3 农户对当地水土流失严重程度的认知（户，%）

项目	无水土流失	不太严重	一般	比较严重	非常严重
全部样本	170（14.76）	500（43.4）	207（17.97）	207（17.97）	68（5.9）
陕西	41（10.70）	207（54.04）	72（18.79）	54（14.1）	9（2.35）
甘肃	100（25.97）	140（36.36）	65（16.88）	61（15.84）	19（4.93）
宁夏	29（7.55）	153（39.84）	70（18.23）	92（23.96）	40（10.42）

当农户被问及"您所在地区水土流失严重程度?"时,总样本中170人选择无水土流失,500人选择不太严重,207人选择一般,207人选择比较严重,68人选择非常严重,仅有14.76%的样本农户表示所在地区无水土流失,43.4%的农户表示所在地区水土流失不太严重,17.97%的农户表示一般,17.97%的农户表示所在地区水土流失比较严重,5.9%的农户表示所在地区水土流失非常严重。陕西省样本农户中,选择无水土流失、不太严重、一般、比较严重、非常严重的人数分别为41、207、72、54、9,比例分别为10.7%、54.04%、18.79%、14.1%、2.35%。甘肃省样本农户中,选择无水土流失、不太严重、一般、比较严重、非常严重的人数分别为100、140、65、61、19,比例分别为25.97%、36.36%、16.88%、15.84%、4.93%。宁夏样本农户中,选择无水土流失、不太严重、一般、比较严重、非常严重的人数分别为29、153、70、92、40,比例分别为7.55%、39.84%、18.23%、23.96%、10.42%。大部分农民认为当地水土流失不太严重,而且区域之间有一定差异。

(二) 自然灾害严重性认知

通过询问农户"近三年,自然灾害发生次数?",总样本中80.73%的农户表示当地发生过自然灾害。28.99%的农户表示当地发生过3次及以上自然灾害。陕西省66.58%的农户表示当地发生过自然灾害,甘肃省85.72%的农户表示当地发生过自然灾害。宁夏89.84%的农户表示当地发生过自然灾害。样本区域及各省的自然灾害发生次数见表10-4。

通过询问农户"自然灾害严重程度?",样本区域及各省的自然灾害严重程度见表10-5。总样本农户中,选择不严重、不太严重、一般、比较严重、非常严重的人数分别为248、74、103、291、436,比例分别为21.53%、6.42%、8.94%、25.26%、37.85%。陕西省样本农户中,选择不严重、不太严重、一般、比较严重、非常严重的人数分别为148、37、27、109、62,比例分别为38.64%、9.66%、7.05%、38.46%、16.19%。甘肃省样本农户中,选择不严重、不太严重、一般、比较严重、非常严重的人数分别为56、21、30、83、195,比例分别为14.54%、5.45%、7.79%、21.56%、50.56%。宁夏样本农户中,选择不严重、不太严重、一般、比较严重、非常严重的人数分别为44、16、46、99、179，比例分别为11.46％、4.17％、11.98％、25.78％、46.61％。大部分农民认为当地自然灾害严重，而且区域之间有一定差异。

表 10 - 4　样本区域自然灾害发生次数 （户，％）

省份	0 次	1	2	3	4 次及以上
陕西	128 (33.42)	131 (34.20)	53 (13.84)	46 (12.01)	25 (6.53)
甘肃	55 (14.28)	177 (45.97)	85 (22.08)	50 (12.99)	18 (4.68)
宁夏	39 (10.16)	80 (20.83)	62 (16.14)	144 (37.50)	51 (13.28)
全部	222 (19.27)	388 (33.68)	200 (17.36)	240 (20.83)	94 (8.16)

表 10 - 5　样本区域自然灾害严重程度 （户，％）

省份	不严重	不太严重	一般	比较严重	非常严重
陕西	148 (38.64)	37 (9.66)	27 (7.05)	109 (38.46)	62 (16.19)
甘肃	56 (14.54)	21 (5.45)	30 (7.79)	83 (21.56)	195 (50.65)
宁夏	44 (11.46)	16 (4.17)	46 (11.98)	99 (25.78)	179 (46.61)
全部	248 (21.53)	74 (6.42)	103 (8.94)	291 (25.26)	436 (37.85)

（三）农户水土保持技术认知

在实地调查过程中，通过询问农户"您认为水土保持技术能够增加农业产量吗？""您认为水土保持技术能够增加农民收入吗？""您认为水土保持技术能够改善生态环境吗？"等问题，获取农户对水土保持技术认知的数据资料。

当农户被问及"您认为水土保持技术能够增加农业产量吗？"时，有4.6％的样本农户表示没有作用，10.33％的农户表示作用较小，31.51％的农户表示一般，39.67％的农户表示作用较大，13.89％的农户表示作用非常大。当农户被问及"您认为水土保持技术能够增加农民收入吗？"时，有5.73％的样本农户表示没有作用，10.33％的农户表示作用较小，35.16％的农户表示一般，36.28％的农户表示作用较大，12.5％的农户表示作用非常大。当农户被问及"您认为水土保持技术能够改善生态环境吗？"时，有0.69％的样本农户表示没有作用，5.38％的农户表示作用较小，28.73％的

农户表示一般，45.75％的农户表示作用较大，19.44％的农户表示作用非常
大（表10-6）。

表10-6 农户对水土保持技术的认知统计（户,％）

价值类型	没有作用	作用较小	一般	作用较大	作用非常大
增产认知	53（4.6）	119（10.33）	363（31.51）	457（39.67）	160（13.89）
增收认知	66（5.73）	119（10.33）	405（35.16）	418（36.28）	144（12.5）
生态认知	8（0.69）	62（5.38）	331（28.73）	527（45.75）	224（19.44）

农户对水土保持技术价值认知情况如下，由表10-6可知，超过1/3的农
民认为水土保持技术的生态环境改善价值认知为"没有作用""作用较小"与
"一般"。将近一半的农户认为水土保持技术增产价值认知为"没有作用""作
用较小"与"一般"，一半以上的农户认为水土保持技术增收价值认知为"没
有作用""作用较小"与"一般"，这表明，农民对水土保持技术的价值认知
程度远没有政策设计预想中那么高，水土保持技术的价值并未得到充分体现。

（四）农户生态补偿政策认知

对于生态补偿政策认知，主要通过生态补偿政策的了解度、生态补偿政
策受惠度、生态补偿政策的满意度衡量（李曼，2018；黄晓慧等，2019）。

关于农户对生态补偿政策的了解度的统计情况如图10-1所示。从统计的
结果可以看出，对生态补偿政策完全了解的农户比例为5.99％，比较了解的
占18.14％，一般的占27.34％，不了解的占28.47％，完全不了解的

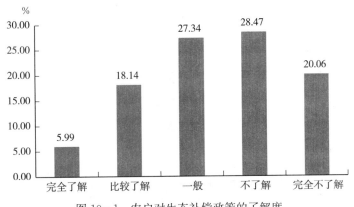

图10-1 农户对生态补偿政策的了解度

占 20.06%。

关于农户对生态补偿政策的满意程度的统计情况如图 10-2 所示。通过询问农户"您对当前的补偿政策是否满意?"来表征农户对生态补偿政策的满意度（李曼，2018；黄晓慧等，2019）。从统计的结果可以看出，对生态补偿政策非常满意的农户比例为 7.64%，满意的占 29.60%，一般的占 44.01%，不太满意的占 13.89%，非常不满意的占 4.86%。从调研的结果可以看出，农户对生态补偿政策满意度不是很高。

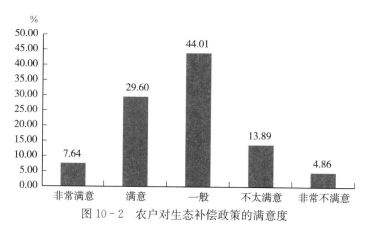

图 10-2　农户对生态补偿政策的满意度

关于农户生态补偿政策受惠度的统计情况如图 10-3 所示。从统计的结果可以看出，生态补偿政策实施后，收入明显减少的农户比例为 1.65%，略微减少的占 7.81%，不变的占 58.51%，略微增加的占 30.21%，明显增加的占 1.82%。可以看出，生态补偿政策实施后，农户收入增加的比例不高。

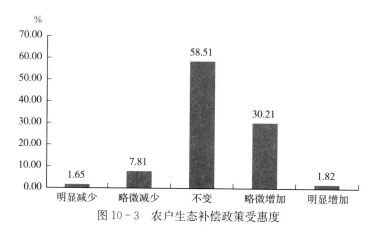

图 10-3　农户生态补偿政策受惠度

四、样本农户水土保持技术采用情况

(一) 样本农户水土保持技术采用类型

农户采用的水土保持技术包括工程技术、生物技术和耕作技术。工程技术包括梯田和台地等治坡工程等。生物技术包括造林、种草等。耕作技术包括沟垄耕作、少耕免耕等。根据调研汇总，总样本中，63.63%的样本农户采用了工程类水土保持技术，54.08%的样本农户采用生物类水土保持技术，20.92%的样本农户采用了耕作类水土保持技术，可见水土保持技术采用率有待提高（表10-7）。陕西省农户中，29.76%的样本农户采用了工程类水土保持技术，75.72%的样本农户采用生物类水土保持技术，1.04%的样本农户采用耕作类水土保持技术。甘肃省农户中，69.09%的样本农户采用了工程类水土保持技术，30.65%的样本农户采用生物类水土保持技术，23.64%的样本农户采用耕作类水土保持技术。宁夏农户中，91.93%的样本农户采用了工程类水土保持技术，55.99%的样本农户采用生物类水土保持技术，38.02%的样本农户采用耕作类水土保持技术。区域之间差异比较明显。

表 10-7　样本农户分布以及各县（区）农户水土保持技术选择情况

省份	县（区）	样本户数和比例（%）	采用工程类技术户数和比例（%）	采用生物类技术户数和比例（%）	采用耕作类户数和比例（%）
陕西	米脂县	228 (19.79)	82 (35.96)	172 (75.77)	4 (1.75)
	榆阳区	75 (6.51)	15 (20)	60 (80)	0 (0)
	绥德县	80 (6.94)	17 (21.25)	58 (72.5)	0 (0)
甘肃	西峰区	185 (16.06)	88 (47.57)	37 (20)	26 (14.05)
	环县	200 (17.36)	178 (89)	81 (40.5)	65 (32.5)
宁夏	原州区	151 (13.11)	140 (92.72)	78 (51.66)	50 (33.11)
	彭阳县	200 (16.06)	185 (92.5)	119 (59.5)	80 (40)
	西吉县	33 (2.86)	28 (84.85)	18 (54.55)	16 (48.48)
合计	—	1 152	733 (63.63)	623 (54.08)	241 (20.92)

（二）样本农户水土保持技术采用程度

根据调研汇总，13.54%的样本农户一类水土保持技术都没有采纳，45.75%的样本农户采纳了一类水土保持技术，29.34%的样本农户采纳了两类水土保持技术，11.37%的样本农户采纳了三类水土保持技术（表10-8）。

表 10-8　样本农户分布以及各县（区）农户水土保持技术采用程度情况

省份	县（区）	数量和占比（%）	采用	采纳一类	采纳两类	采纳三类
陕西	米脂县	227（19.70）	202（88.98）	148（65.19）	54（23.79）	0（0）
	榆阳区	76（6.59）	62（81.58）	48（63.16）	14（18.42）	0（0）
	绥德县	80（6.94）	69（86.25）	63（78.75）	6（7.5）	0（0）
甘肃	西峰区	185（16.06）	112（60.54）	78（42.16）	29（15.67）	5（2.7）
	环县	200（17.36）	191（95.5）	82（41）	85（42.5）	24（12）
宁夏	原州区	151（13.11）	141（93.38）	43（28.47）	68（45.03）	30（19.87）
	彭阳县	200（16.06）	191（95.5）	57（28.5）	75（37.5）	59（29.5）
	西吉县	33（2.86）	28（84.85）	8（24.24）	7（21.21）	13（39.39）
合计	—	1 152	996（86.46）	527（45.75）	338（29.34）	131（11.37）

（三）样本农户水土保持技术持续采用

为了考察水土保持技术采用农户的持续采用情况，本书只选择采用水土保持技术的农户进行研究，总共996户，其中663户表示会持续采用水土保

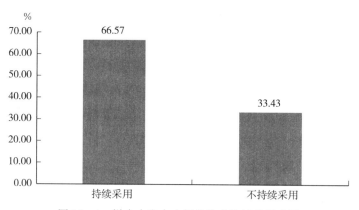

图 10-4　样本农户水土保持技术持续采用意愿

持技术，共占到总体农户的 66.57%。333 户表示不愿意继续采用水土保持技术，占到总体样本的 33.43%（图 10-4）。

（四）水土保持技术生态效应

为了考察农户采用水土保持技术的生态效应情况，当问农户"水土保持技术采用对于改善生态环境的效果"时，选择"效果不好""效果不太好""效果一般""效果比较好""效果特别好"的农户比例分别为 5.92%、10.34%、31.93%、37.55%、14.26%。统计结果见图 10-5。据此可以看出，将近一半的农户对水土保持技术采用的生态效果评价在"一般及以下"。

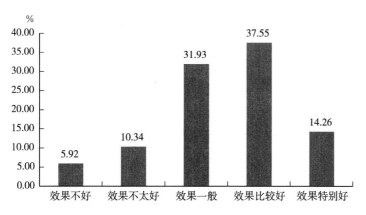

图 10-5　样本农户水土保持技术采用的生态效果评价

五、样本区域政府支持情况

对于政府支持，通过询问农户"政府是否开展过与水土保持技术相关的宣传活动？""政府是否开展过与水土保持技术相关的推广活动？""政府是否组织过村民实施水土保持技术？""政府是否对当地水土保持措施进行过投资？""您是否接受过政府的生态补偿？"5 个问题来反映政府宣传、政府推广、政府组织、政府投资、政府补贴等政府支持情况。

总样本农户接受水土保持技术政府支持情况（表 10-9）。从表中可以看出，46% 的农户表示政府开展过水土保持技术相关的宣传活动，38% 的农户表示政府开展过水土保持技术相关的推广活动，65% 的农户表示政府对水土保持技术进行过投资，64％的农户表示政府组织过实施水土保持技术，64％的农户表示政府对实施水土保持技术进行补贴。说明政府支持有待提高。

表 10-9 政府支持情况

变量	定　义	是	否
政府宣传	政府是否开展过水土保持技术相关的宣传活动？	530（46％）	622（54％）
政府推广	政府是否开展过水土保持技术相关的推广活动？	438（38％）	714（62％）
政府投资	政府是否对水土保持技术进行过投资？	749（65％）	403（35％）
政府组织	政府是否组织过实施水土保持技术？	737（64％）	415（36％）
政府补贴	政府是否对采用水土保持技术进行补贴？	737（64％）	415（36％）

六、农户水土保持技术采用中存在的现实问题

（一）农户对水土流失的风险感知不足

黄土高原地区水土流失频繁并且危害大。然而，在现实中，农户对水土流失的危害性等风险感知不足。当农户被问及"您所在地区水土流失严重程度？"时，仍然有 14.76％的样本农户表示所在地区无水土流失，43.32％的农户表示所在地区水土流失不太严重，17.97％的农户表示一般。可见，大部分农民认为当地水土流失不太严重，无法感知到水土流失的严重性，样本区域农户对当地水土流失危害情况缺乏认知，风险感知程度不高，没有意识到开展水土保持工作的重要性和紧迫性。农户对水土流失危害性的风险感知直接影响着水土保持技术的采用，决定着水土流失治理的成效。当农户感知不到水土流失的严重性，就可能不会采取应对性措施。

（二）农户水土保持技术价值认知有待提高

水土流失的治理对于我国生态建设和"环境友好型"社会的建设具有重要的作用。然而，在实地调查过程中，当农户被问及"您认为水土保持技术能够增加农业产量吗？"时，仍然有 4.6％的样本农户表示没有作用，10.33％的农户表示作用较小，31.51％的农户表示一般。当农户被问及"您认为水土保持技术能够增加农民收入吗？"时，仍然有 5.73％的样本农户表示没有作用，10.33％的农户表示作用较小，35.16％的农户表示一般。当农

户被问及"您认为水土保持技术能够改善生态环境吗?"时,仍然有0.69%的样本农户表示没有作用,5.38%的农户表示作用较小,28.73%的农户表示一般。这表明,农户对水土保持技术的增产价值、增收价值、生态价值认知有待提高。

(三) 农户生态补偿政策认知有待提高

对生态补偿政策完全了解的农户比例为5.99%,比较了解的占18.14%,一般的占27.34%,不了解的占28.47%,完全不了解的占20.06%。可见农户对生态补偿政策了解程度不高。对生态补偿政策非常满意的农户比例为7.64%,满意的占29.60%,一般的占44.01%,不太满意的占13.89%,非常不满意的占4.86%。对生态补偿政策满意的仅占37.24%,大多数农户生态补偿政策满意度不高。生态补偿政策实施后,收入明显减少的农户比例为1.65%,略微减少的占7.81%,不变的占58.51%,略微增加的占30.21%,明显增加的占1.82%。说明,生态补偿政策实施后,对农户收入的影响不大,使农户收入增加得不多。

(四) 农户水土保持技术采用率有待提高

根据调研汇总,63.63%的样本农户采用了工程类水土保持技术,54.08%的样本农户采用生物类水土保持技术,20.92%的样本农户采用耕作类水土保持技术,可以发现,仍然有36.37%的农户没有采用工程类水土保持技术,45.92%的农户没有采用生物类水土保持技术,79.08%的农户没有采用耕作类水土保持技术。45.75%的农户采纳了一类水土保持技术,29.34%的农户采纳了两类水土保持技术,11.37%的农户采纳了三类水土保持技术,13.54%的样本农户一类水土保持技术没有采纳,可见,水土保持技术采用率不高,很少有农户整套采用水土保持技术,采用程度不高。说明在现实生活中,仍然有大部分农户进行着不合理的农业生产活动,引发水土流失,这种行为严重影响了水土流失的治理进程。

(五) 政府支持程度不高

由于水土保持技术采用具有正外部性,因此需要政府的支持来实现,提高农户采用积极性。统计发现，只有 46% 的农户表示政府开展过水土保持技术相关的宣传活动，38% 的农户表示政府开展过水土保持技术相关的推广活动，65% 的农户表示政府对水土保持技术进行过投资，64% 的农户表示政府组织过实施水土保持技术，64% 的农户接受过政府对实施水土保持技术的补贴，说明政府支持有待提高。实践证明，水土保持生态建设，需要政府相关部门对水土保持工作经验进行大力推广。然而，政府部门水土保持工作的重视程度不高，相关部门宣传力度不够，这就严重阻碍了水土保持生态建设进程（王立明等，2010）。因此，宣传推广力度亟待加大。目前，黄土高原地区水土保持投资投入机制和投资渠道还不完善，黄土高原区水土保持投资仍明显不足，特别是占 GDP 的比例很低，常因财政不足，减少投资或者取消投资。关于水土保持生态补偿政策还不完善。

本篇小结：本篇阐述了黄土高原地区水土流失现状、危害和水土流失治理进程，介绍了本书所使用的数据来源及样本农户的特征，利用农户调研数据，对样本区域内农户水土流失严重程度感知、自然灾害严重程度感知、农户水土保持技术认知、采用情况（采用类型、采用程度、持续采用、采用效应）和政府支持情况进行了描述性统计分析，进而发现目前样本区域内水土保持技术推广和采用所存在的问题。结果发现。

（1）当被询问"水土保持技术能够增加农业产量吗?"，选择没有作用、作用较小、一般、作用较大、作用非常大的农户比例分别为 4.6%、10.33%、31.51%、39.67%、13.89%。对于"水土保持技术能够增加农民收入吗?"，选择没有作用、作用较小、一般、作用较大、作用非常大的农户比例分别为 5.73%、10.33%、35.16%、36.28%、12.5%。对于"水土保持技术能够改善生态环境?"，选择没有作用、作用较小、一般、作用较大、作用非常大的农户比例分别为 0.69%、5.38%、28.73%、45.75%、19.44%。

（2）统计发现，63.63% 的样本农户采用了工程类水土保持技术，54.08% 的样本农户采用了生物类水土保持技术，20.92% 的样本农户采用了耕作类水土保持技术，可见农户水土保持技术采用率比较低；45.75% 的农户采纳了一种水土保持技术，29.34% 的农户采纳了两种水土保持技术，

11.37％的农户了采纳三种水土保持技术，13.54％的农户一种水土保持技术都没有采纳，可见农户水土保持技术采用程度比较低。其中663户农户表示会持续采用水土保持技术，共占到总体农户的66.57％，可见，持续采用意愿有待提高。

（3）样本区域水土保持技术推广和采用方面存在以下问题：农户缺乏一定的水土流失的风险感知，农户对水土保持技术的认知有限，对生态补偿政策认知度有限，农户水土保持技术采用率不高，政府水土保持技术支持不足等问题。

第四篇

农户资本禀赋和政府支持指标测度及特征分析

上一篇介绍了黄土高原地区水土流失的现状和危害，梳理了黄土高原地区水土流失治理进程，介绍了本书所使用的数据来源及样本特征，利用农户调研数据，对样本区域内水土保持技术认知、采用情况和政府支持情况进行了描述性统计分析，总结了目前样本区域内水土保持技术推广和采用所存在的问题。基于上述分析，在农户水土保持技术采纳过程中，受到资本禀赋和政府支持的影响，因此，需要科学合理地评估农户的资本禀赋和政府支持。本篇借鉴国内外相关前沿成果，构建资本禀赋和政府支持指标体系，利用黄土高原地区农户微观调查数据，运用熵权法测算农户资本禀赋，运用加权平均法测度政府支持，同时对样本区域内农户的资本禀赋和政府支持情况进行特征分析，并比较水土保持技术采用户和未采用户两组农户在资本禀赋和政府支持方面的差异，为后文探讨资本禀赋和政府支持在农户水土保持技术采用中的影响作用奠定基础。

第十一章 农户资本禀赋和政府支持测度

本篇借鉴国内外前沿成果，利用黄土高原地区农户微观调查数据，运用熵权法赋予各个指标权重，以此测算农户的资本禀赋。运用加权平均法测度政府支持，同时对样本区域内农户的资本禀赋和政府支持情况进行特征分析，并比较水土保持技术采用户和未采用户两组农户在资本禀赋和政府支持方面的差异。

一、农户资本禀赋测度

（一）数据说明

此部分研究所用数据来自课题组于 2016 年 10—11 月在陕西省、甘肃省、宁夏进行的实地调研。本次调研共发放问卷 1 200 份问卷，获得有效问卷 1 152 份，样本有效率为 96%。所用样本的具体情况见第三篇。

（二）指标设计原则

测度资本禀赋首先需要构建指标体系，为了保证构建的资本禀赋的指标体系的科学性与合理性，在选取指标的过程中需要遵循下面几个原则。

1. 统一性和全面性原则

由于农户资本禀赋由多个维度所构成，因此在构建测度指标时，需要充分考虑能够全面反映资本禀赋内涵和特征的指标，同时，所选取的指标之间能够相互协调和相互配合。

2. 层次性原则

由于农户资本禀赋包含多个层次，指标体系的选择不仅需要全面，还需要具有清晰的层次性，这样才可以从不同层次反映资本禀赋的具体情况。

3. 可得性原则

对于一些指标在数据获取过程中可能存在困难不可获取，因此，在选择指标的时候，尽量不选择数据不易获取或获取不到的指标，选择数据容易获得的指标。

4. 可比性原则

这一原则要求所选择的指标对同一目标在不同时间、空间条件下的测度结果应具有一定的可比性。本书的样本区域农户包括陕甘宁两省一区，不同地区的农户资本禀赋可能不同，但需要保持指标的口径和范围的一致性，便于不同地区之间进行比较。

5. 独立性原则

用于测度资本禀赋的各个维度以及各个指标之间不能出现重复，或者具有较低的相关性，保证各个维度和各个指标之间的独立性。

（三）指标体系的构建

国际上从 20 世纪 90 年代开始关注"可持续生计"的概念。可持续性的生计是指，首先当面临自然灾害等风险和经济社会变化时，不依靠外部力量，生计可以恢复。其次，不影响后代人的生计。最后，保障自然资源的永续利用能力（Scoones，1998）。学术界普遍用人力资本（HC）、物质资本（MC）、自然资本（NC）、社会资本（SC）、金融资本（FC）等五个维度来表征和测度生计资本。具体到农户水土保持技术采用情景中，在面对水土流失等生态环境问题时，农户会根据家庭拥有的资本禀赋情况，做出是否采用水土保持技术的理性化决策，实现家庭利益最大化，实现增产、增收和生态环境改善。

因此，在相关研究的基础之上，本书将资本禀赋划分为人力资本（HC）、物质资本（MC）、自然资本（NC）、社会资本（SC）、金融资本（FC）五大类。对于五大资本的测度和量化，需要构建具体的指标评价体系，方便后续的五大资本的比较分析（冯晓龙，2017）。参考已有相关研究，结合农户水土保持技术采用的实际特点，构建适用于农户水土保持技术采用的资本禀赋测量指标体系（表 11 - 1）。

表 11 - 1　农户资本禀赋测度指标体系

一级指标	二级指标	测量指标	赋　值
	人力资本	受教育程度	文盲＝1，小学＝2，初中＝3，高中或中专＝4，大专及以上＝5
		是否兼业	是否兼业？是＝1，否＝0
		劳动力数量	家庭劳动力数量（个）
	物质资本	房屋类型	1＝混凝土，2＝砖瓦，3＝砖木，4＝土木，5＝石窑
		农机数量	家庭农用机械数量（个）
		工具种类	家庭交通工具数量（个）
资本禀赋	自然资本	耕地面积	农户所经营的耕地面积，单位：亩
		林地面积	农户所经营的林地面积，单位：亩
	金融资本	总收入（元）	家庭总收入＜1万＝1，1万～3万＝2，3万～5万＝3，5万～10万＝4，＞10万＝5
		借贷	是否借贷：是＝1，否＝0
	社会资本	是否村干部	0＝否，1＝是
		来往人数	0～20＝1，20～50＝2，50～100＝3，＞100＝4
		相互信任	周围人相互信任程度：1＝没有，2＝很少，3＝一般，4＝较多，5＝很多
		相互帮助	您觉得周围人相互帮助吗？没有＝1，很少＝2，一般＝3，较多＝4，很多＝5

1. 人力资本指标及测量

苏芳等（2009）认为人力资本水平取决于家庭劳动力的人数、家庭规模、技能水平以及健康状况等因素。张童朝等（2017）以农户家庭劳动力数量、农户文化程度和健康状况表征人力资本。许汉石和乐章（2012）选择受教育年限、家庭总劳动力和健康状况表征人力资本。本书结合相关研究和研究区域内农户的生产生活情况，选择家庭劳动力数量、受教育程度、兼业情况作为测量人力资本的指标（表 11 - 1）。劳动力数量代表人力资本的数量，受教育程度代表人力资本的质量，兼业情况可以反映出农户的技能情况，劳动力数量和受教育程度是农户家庭进行农业再生产的基础，是农户运用其他资本应对水土流失变化的前提（冯晓龙，2017），水土保持技术需要投入一定的劳动力，因此劳动力数量会影响农户水土保持技术采用决策，文化程度影响农户水土流失的治理与水土保持技术的采用，兼业能够提高农户人力资本，影响着农户对水土流失变化及其水土保持技术的认知和采纳。

2. 自然资本指标及测量

农业高度依赖土地等自然资源（高圣平，2014；张童朝等，2017），可以为农户提供最基本的生存保障，是农户最重要的自然资产。袁梁等（2017）选择耕地面积和林地面积代表农户和家庭的自然资本。许汉石和乐章（2012）选择拥有耕地和实种耕地衡量自然资本。张童朝等（2017）选择地形、土地规模、块均面积和土地质量来衡量农户的自然资本。本书结合相关研究和研究区域内农户的生产生活情况，选择农户所拥有的耕地面积和林地面积作为测量自然资本的指标（表 11-1）。一般来说，土地面积和林地面积越大，农户越会采纳水土保持技术等生态绿色技术。

3. 金融资本指标及测量

金融资本（FC）主要是指农户可支配和可筹措的现金，包括农户家庭总年收入、农户获得的政府补贴以及从各种渠道筹集的资金（杨云彦，2009；冯晓龙，2017）。伍艳（2015）以获得信贷的机会、获得补贴的机会以及家庭年收入来衡量金融资本。本书结合相关研究和研究区域内农户的生产生活情况，选择家庭总现金收入、是否获得借贷作为测量金融资本禀赋的指标（表 11-1）。家庭总现金收入主要包括种植业、养殖业、非农就业收入和转移支付收入，是否获得借贷主要是指是否通过银行、信用社、亲友或私人贷款机构借贷款。水土保持技术作为一项支出活动，当农户的经济状况越好，其经济压力会更小，越可能采用水土保持技术。家庭总现金收入为农户采纳水土保持技术提供资金保障，当农户家庭总现金收入不足时，可能需要通过借贷来弥补。

4. 物质资本指标及测量

物质资本（MC）能够保障农户从事更加高效的农业生产（张童朝等，2017）。邝佛缘等（2016）在测度农户的物质资本（MC）指标时选择了是否买过城镇商品房、家庭拥有农机具数量和宅基地的数量3个指标。张童朝等（2017）选择了住房条件、家用电器数量和家庭所拥有的农用机械表征物质资本。冯晓龙（2017）选择通信设备、交通工具及生产性资产衡量农户物质资本。本书结合相关研究和研究区域内农户的生产生活，选择房屋类型、农机数量、交通工具种类作为测量物质资本的指标（表 11 - 1）。房屋类型、农机数量、交通工具种类是对农户农业生产具有重要影响的物质资产，农用机械的使用可以使农户生产效率得到极大提高（张童朝等，2017），交通工具在农户进行农业生产投资和销售过程中具有重要作用（冯晓龙，2017）。俗话说安居乐业，因此，这里选择房屋类型。此外，在一定程度上，物质资本代表了农户的生活水平，物质资本越好，自然更愿意采纳具有经济效益和生态效益的水土保持技术。

5. 社会资本指标及测量

社会资本（SC）是指人们实现生计目标所需的社会资源，包括社会关系网络、信任与互惠规范等部分（杨云彦等，2012）。张童朝等（2017）以社会参与、信任与互惠规范来测度农户社会资本。本书结合相关研究和研究区域内农户的生产生活情况，选择是否是村干部、来往人数、相互信任和相互帮助作为测量社会资本禀赋（SC）的指标（表 11 - 1）。一般来说村干部的社会网络较普通农户丰富，拥有较强的收集和理解信息的能力，会影响农户的决策。来往人数越多，说明社交网络规模越大，代表农户越容易接触到外面信息，理解能力越高。农户之间相互信任程度越高，对外界信息的信任程度越高，能够提高农户的知识和技能（冯晓龙，2017）。互惠规范指两个行动者相互依赖的关系，可以激励农户从事水土保持技术等公共事务（Gouldner，1960）。农户与周围人越相互帮助和相互信任，其参加集体行动的可能性越大，进而会促进采用水土保持技术（贾蕊，2018）。

根据前人的研究，结合研究区域的实际，构建资本禀赋测度指标体系，各个指标的具体测量问题、赋值如表 11 - 1 所示。

（四）测度方法

指标赋权是对农户资本禀赋进行评估的关键环节，为避免主观因素所带来的偏误，本章运用熵值法对农户资本禀赋进行测度。关于熵的概念最初起源于物理学中的热力学，用来反映系统的混乱程度，目前已经在社会经济和可持续发展评价等研究领域得到广泛的运用（廖薇，2014）。假设有 n 个有待评价的方案，m 个评价指标，其能够构成 $x = \{x_{ij}\}_{n \times m}$ 的指标数据矩阵，如果数据的离散程度越小，代表信息熵越大，能够提供的信息量越小，说明此指标对综合评价的影响作用越小，因此，该指标的权重也就越小，反之亦然（杜晓丽，2016；吴帆，2017；周海鹏，2016）。用这种方法对指标进行赋权，属于客观赋权，能够克服主观赋权法的随机性和主观性（杨刚等，2017）。利用熵值法确定权重，能够消除人为因素的干扰，使评价结果更加科学合理。本章用熵值法对农户资本禀赋进行测度。其具体步骤为：

指标初始矩阵为：

$$X = \{x_{ij}\}_{m \times n} \quad (11-1)$$

其中，m 表示样本量，n 表示变量个数。为了消除不同量纲影响，运用标准差标准化进行处理，然后进行 6 个单位坐标平移，以消除负值和 0 的影响，平移后的数据矩阵为：

$$Y = \{y_{ij}\}_{m \times n} \quad (11-2)$$

第 j 项指标信息熵值和差异系数为：

$$e_j = -k \sum_{i=1}^{m} y_{ij} \ln y_{ij}$$
$$g_j = 1 - e_j \quad (11-3)$$

其中 $k > 0$，$\ln$ 为自然对数，$e_j \geqslant 0$。式中常数 k 与样本 m 有关，另 $k = 1/\ln m$，则 $0 < e_j \leqslant 1$。g_j 为第 j 项指标的差异系数。

各指标权重和综合得分为：

$$W_j = \frac{g_j}{\sum_{j=1}^{m} g_j}, j = 1,2,\cdots,m$$
$$F = \sum w_{ij} y_{ij} \quad (11-4)$$

根据研究需要，运用平移后的数据和权重加总，计算资本禀赋各个维度和指标的得分和均值时，方便各个维度和指标进行对比（司瑞石等，2018）。

利用熵权法对资本禀赋构成的各个指标的权重进行计算（表 11-2）。由表 11-2 可知，对比各个指标的权重可以发现，权重最高的是社会资本（SC）中的相互帮助（0.071 638）和相互信任（0.071 661），这说明不同农户之间的相互信任和相互帮助差异较大。权重最低的是自然资本（NC）中的林地面积（0.071 191），这说明不同农户之间的林地面积差异较小。

表 11 - 2　农户资本禀赋评价指标权重

资产类型	测量指标	归一化权重	资产类型	测量指标	归一化权重
人力资本	受教育程度	0.071 533	物质资本	房屋类型	0.071 409
	是否兼业	0.071 452		农机数量	0.071 403
	劳动力数量	0.071 408		工具种类	0.071 449
金融资本	总收入	0.071 46	社会资本	是否是村干部	0.071 301
	借贷	0.071 354		来往人数	0.071 424
自然资本	耕地面积	0.071 318		相互信任	0.071 661
	林地面积	0.071 191		相互帮助	0.071 638

（五）农户资本禀赋原始表征指标特征分析

将表征农户资本禀赋的各指标进行描述性统计分析，结果如表 11 - 3 所示。

表 11 - 3　资本禀赋观测指标的描述性统计

变量	变量说明	最小值	最大值	均值	标准误
受教育程度	文盲＝1，小学＝2，初中＝3，高中或中专＝4，大专及以上＝5	1	5	2.440 9	0.952 4
是否兼业	是否兼业？是＝1，否＝0	0	1	0.424 5	0.494 4
劳动力数量	家庭劳动力数量（个）	0	12	2.999 1	1.484 6
耕地面积	农户所经营的耕地面积，单位：亩	0	64	11.014 0	10.950 3
林地面积	农户所经营的林地面积，单位：亩	0	60	3.472 0	6.392 3
房屋类型	1＝混凝土，2＝砖瓦，3＝砖木，4＝土木，5＝石窑	1	5	2.849 8	1.369 6
农机数量	家庭农用机械数量（个）	0	3	0.440 1	0.554 4
工具种类	家庭交通工具数量（个）	0	3	0.969 6	0.731 5
总收入（元）	家庭总收入＜1万＝1，1万～3万＝2，3万～5万＝3，5万～10万＝4，＞10万＝5	1	5	2.540 8	1.159 7
借贷	是否借贷：是＝1，否＝0	0	1	0.314 2	0.464 4
是否村干部	0＝否，1＝是	0	1	0.175 3	0.380 4
来往人数	0～20＝1，20～50＝2，50～100＝3，＞100＝4	1	4	2.033 8	0.988 1
相互信任	周围人相互信任程度：1＝没有，2＝很少，3＝一般，4＝较多，5＝很多	1	5	3.717 0	0.988 9
相互帮助	您觉得周围人相互帮助吗？没有＝1，很少＝2，一般＝3，较多＝4，很多＝5	1	5	3.836 8	0.873 1

由表 11-3 对农户资本禀赋原始变量的描述性统计可知。受教育程度变量的均值为 2.440 9，表明农户文化水平不是很高。从兼业情况来看，均值为 0.424 5，表明 42.45% 的受访农户都进行了兼业生产。家庭劳动力数量均值为 2.999 1。耕地面积最小值 0 亩，最大值 64 亩，均值 11.014 0，方差为 10.950 3，林地面积最小值为 0，最大值为 60，平均值为 3.472 0，标准差为 6.392 3。农用机械数量均值为 0.440 1，说明农户拥有机械化水平不高。家庭交通工具数量均值为 0.969 6，说明农户平均拥有 ·辆交通工具。总收入均值在 30 000 元左右。借贷均值为 0.314 2，说明 31.42% 的农户进行过借贷。村干部均值为 0.175 3，说明 17.53% 的农户为村干部。来往人数均值大多分布在 50 人左右。相互信任均值为 3.717，相互帮助均值为 3.836 8，都超过一般水平，说明农户间有较高的信任程度和农户互惠行为。

（六）农户资本禀赋及其构成特征分析

1. 农户资本禀赋水平特征分析

利用各个指标标准化数值和权重加权计算每个农户的资本禀赋以及不同地区农户资本禀赋。农户资本禀赋各个维度评价结果见表 11-4。

表 11-4　农户资本禀赋评价结果

项目	最小值	最大值	均值	弱		强	
				数量	比例（%）	数量	比例（%）
人力资本	0.516	2.453	1.215	590	51.22	562	48.78
物质资本	0.639	2.522	1.213	596	51.74	556	48.26
自然资本	0.539	3.123	0.805	753	65.42	398	34.58
金融资本	0.476	3.164	0.809	633	54.95	519	45.05
社会资本	0.655	2.838	1.622	658	57.17	493	42.83
综合资本	3.461	9.041	5.666	611	53.04	541	46.96

由表 11-4 可知，对于资本禀赋总指数来说，最小值为 3.461，最大值为 9.041，极差比较大。五大资本均值的大小顺序为：社会资本（1.622）＞人力资本（1.215）＞物质资本（1.213）＞金融资本（0.809）＞自然资本（0.805），最高与最低值之间相距 0.817 个单位。极差方面，物质资本的极差最小，为 1.883，金融资本的极差最大，为 2.688，说明农户之间差异比

较大。资本禀赋异质性明显。接下来，为了考察农户资本禀赋的强弱情况，将农户划分为强资本型和弱资本型农户，具体划分方法是农户的资本禀赋大于资本禀赋的均值的为强资本型，小于均值的农户为弱资本型（张童朝等，2017）。表 11－4 中，不管是五个分维度资本还是综合资本禀赋，弱资本型都超过了一半，说明，一半以上农户的资本水平低于平均水平。关于综合资本，53.04%农户属于弱资本型，46.96%农户属于强资本型，弱资本型农户多于强资本型农户，可见农户的综合资本值低于整体平均水平的农户占到一半以上。对于资本禀赋五个维度来说，农户之间的自然资本禀赋差异最为明显，弱自然资本型农户比例（65.42%）显著高于强自然资本型农户占比（34.58%），人力资本（HC）方面，弱人力资本型农户比例（51.22%）与强人力资本型农户占比（48.78%）差不多。

为反映资本禀赋综合指数及各细分维度的区域差异，根据上述分析测算得到不同地区农户资本禀赋及其各个资本维度结果（表 11－5）。从结果来看，不同地区农户资本禀赋及其各个资本维度的平均值差异明显，且各个资本构成差异显著。具体来讲，原州区农户平均资本禀赋达到 5.966，为 8 个样本县最高值；西峰区、环县、西吉县、彭阳县次之，农户的资本禀赋均大于 5.7；陕西省 3 个样本县农户资本禀赋平均都较低，其中米脂县农户资本禀赋平均为 5.427，榆阳区次之，而绥德县农户资本禀赋平均为 5.098，为 8 个样本地区最低水平。此外，农户资本禀赋各个构成资本在不同地区之间差异也较为明显。

表 11－5　不同地区各个资本禀赋

资本禀赋	米脂县	榆阳区	绥德县	西峰区	环县	原州区	西吉县	彭阳县
人力资本	1.160	1.233	1.144	1.316	1.211	1.169	1.078	1.268
自然资本	0.713	0.649	0.622	0.698	0.859	1.096	1.010	0.836
金融资本	0.689	0.745	0.689	0.864	0.868	0.878	0.781	0.859
物质资本	1.286	1.207	1.228	1.224	1.248	1.152	1.128	1.146
社会资本	1.578	1.448	1.415	1.614	1.651	1.669	1.784	1.739
综合资本	5.427	5.282	5.098	5.716	5.837	5.966	5.781	5.849

不同地区农户资本禀赋强弱测度结果见表 11－6。

表 11 - 6　不同地区资本禀赋

| 资本类型 | 陕西省 | | | | 甘肃省 | | | | 宁夏区 | | | |
| | 弱资本型 | | 强资本型 | | 弱资本型 | | 强资本型 | | 弱资本型 | | 强资本型 | |
	频数	频率(%)	频数	频率(%)	频数	频率(%)	频数	频率(%)	频数	频率(%)	频数	频率(%)
人力资本	219	57.18	164	42.82	174	45.19	211	54.81	197	50.52	187	49.48
物质资木	180	47.00	203	53.00	194	50.39	191	49.61	222	57.81	162	42.19
自然资本	328	85.64	55	14.36	271	70.39	114	29.61	154	40.10	229	59.90
金融资本	290	75.72	93	24.28	182	47.27	203	52.73	161	41.93	223	58.07
社会资本	263	68.67	120	31.33	210	54.55	175	45.45	185	48.18	198	51.82
综合资本	258	67.36	125	32.64	179	46.49	206	53.51	174	45.31	210	54.69

由表 11 - 6 可知，就陕西省来说，综合资本，弱资本型农户占比（67.36%）显著大于强资本型农户占比（32.64%）；85.64%的农户属于弱自然资本型，14.36%的农户属于强自然资本型，可见，只有一小部分农户的自然资本禀赋值大于均值。物质资本方面的分布则较为平均，两类农户占比较为均衡。甘肃省农户中，综合资本，53.51%农户属于强资本型，46.49%农户属于弱资本型，说明两类农户占比较为均衡。五大资本进行比较，70.39%的农户属于弱自然资本型，29.61%的农户属于强自然资本型。人力资本、社会资本、物质资本和金融资本的强弱型分布则较为平均，两类农户占比较为均衡。宁夏样本农户中，综合资本，强资本型农户占比54.69%，弱资本型农户占比 45.31%，说明两类农户占比较为均衡。五大资本禀赋对比，59.90%农户属于强自然资本型，40.10%农户属于弱自然资本型，其他资本强弱较为平均，两类农户占比较为均衡。

2. 农户资本禀赋结构特征分析

接下来探讨农户的资本禀赋结构，本章按照各类资本相对水平将农户分为五类，人力资本占优型农户、自然资本占优型农户、物质资本占优型农户、金融资本占优型农户、社会资本占优型农户。人力资本占优型则表示该农户所拥有的资本中，人力资本水平最高，社会资本占优型则表示该农户所拥有的资本中，社会资本水平最高，金融资本占优型则表示该农户所拥有的资本中，金融资本水平最高，在五大资本中自然资本水平最高的为自然资本占优型（张童朝等，2017），分类结果见表 11-7。

表 11-7 农户资本结构类型分类结果

农户类别	全样本		陕西		甘肃		宁夏	
	频数	频率（%）	频数	频率（%）	频数	频率（%）	频数	频率（%）
人力资本占优型	142	12.33	47	12.27	61	15.84	34	8.85
物质资本占优型	172	14.93	86	22.45	59	15.32	27	7.03
自然资本占优型	17	1.48	0	0	2	0.52	15	3.91
金融资本占优型	5	0.43	3	0.78	1	0.26	1	0.26
社会资本占优型	816	70.83	247	64.91	262	68.05	307	79.94

由表 11-7 发现，社会资本占优型有 816 个，占到总数的 70.83%，172 个属于物质资本占优型农户，占到总数的 14.93%，人力资本占优型农户，有 142 个，占到 12.33%，自然资本占优型，有 17 人，比例为 1.48%，只有 5 人属于金融资本占优型，比例为 0.43%。陕西省农户中，社会资本占优型农户最多，为 247 个，占比 64.91%，其次是物质资本占优型农户，有 86 个，占到总数的 22.45%，人力资本占优型农户，有 47 个，占到 12.47%，金融资本占优型有 3 人，比例为 0.78%，无人属于自然资本占优型，比例为 0%。甘肃省农户中，社会资本占优型农户最多，为 262 个，占比 68.05%，其次是人力资本占优型农户，有 61 个，占到总数的 15.84%，物质资本占优型农户，有 59 个，占到 15.32%，自然资本占优型有 2 人，比例为 0.52%，只有 1 户属于金融资本占优型，比例为 0.26%。宁夏农户中，社会资本占优型农户最多，为 307 个，占比 79.94%，其次是人力资本占优型农户，有 34 个，占到总数的 8.85%，物质资本占优型农户，有 27 个，占到 7.03%，自然资本占优型有 15 人，比例为 3.91%，只有 1 户属于金融资本占优型，比例为 0.26%。此外，按照本章的资本结构分类方法，未发现有复合资本型农户。

3. 样本区域技术采用与未采用农户资本禀赋差异分析

为对比水土保持工程技术采用户与未采用户的资本禀赋差异，对熵值法得到的资本禀赋总指数和各维度指数进行分组统计（表 11-8）。从表中可以看出，水土保持工程技术采用户在资本禀赋总指数和各维度上的均值均大于未采用工程技术的农户。

表 11-8 工程技术两组农户资本禀赋各指标描述性统计

指标	采用户		未采用户	
	均值	标准误	均值	标准误
人力资本	1.217 79	0.312 2	1.211 1	0.322 8
物质资本	1.221 1	0.286 8	1.201 8	0.275 8
自然资本	0.871 9	0.309 7	0.689 6	0.162 4
金融资本	0.830 6	0.258 5	0.771 1	0.273 7
社会资本	1.664	0.413	1.551 9	0.386 9
资本禀赋	5.805 5	0.885 1	5.425 6	0.823 6

为对比水土保持生物技术采用户与未采用户的资本禀赋差异，对熵值法得到的资本禀赋总指数和各维度指数进行分组统计（表 11-9）。从表中可以看出，对于物质资本、自然资本、社会资本来说，水土保持生物技术采用户的均值均大于未采用生物技术的农户，对于人力资本、金融资本和资本禀赋总指数，水土保持生物技术采用户的均值小于未采用生物技术的农户。

表 11-9 生物技术两组农户资本禀赋各指标描述性统计

指标	采用户		未采用户	
	均值	标准误	均值	标准误
人力资本	1.211 2	0.310 3	1.220 4	0.323
物质资本	1.227 1	0.289 1	1.198 3	0.275 1
自然资本	0.836 3	0.317 4	0.769 2	0.222 6
金融资本	0.789 8	0.261 9	0.831 6	0.268 6
社会资本	1.641 4	0.420 8	1.600	0.388 5
资本禀赋	5.619 6	0.842 8	5.706	0.912 8

为对比水土保持耕作技术采用户与耕作技术未采用户的资本禀赋差异，对熵值法得到的资本禀赋总指数和各维度资本指数进行分组统计（表 11-10）。从表 11-10 中可以看出，对于物质资本、自然资本、金融资本、社会资本和资本禀赋总指数来说，水土保持耕作技术采用户的均值均大于未采用耕作技术的农户，关于人力资本，水土保持耕作技术采用户的均值小于未采用耕作技术的农户。

表 11-10　耕作技术两组农户资本禀赋各指标描述性统计

指标	采用户		未采用户	
	均值	标准误	均值	标准误
人力资本	1.215 2	0.326 2	1.215 5	0.313 5
物质资本	1.243 9	0.301 7	1.205 9	0.277 4
自然资本	0.935 3	0.370 1	0.771 2	0.239 3
金融资本	0.896 4	0.256 9	0.785 8	0.263 2
社会资本	1.700 0	0.417 3	1.601 9	0.401 5
资本禀赋	5.991 0	0.942 7	5.580 5	0.845 2

二、政府支持测度及特征分析

(一) 政府支持指标体系

本书结合相关研究和研究区域内水土保持技术的推广情况，选择政府宣传、政府推广、政府组织、政府投资、政府补贴 5 个方面进行表征政府支持（黄晓慧等，2019）。政府支持测度指标见表 11-11。

表 11-11　政府支持测度指标

指标	具体问题	变量赋值
政府宣传	政府是否开展过水土保持措施相关的宣传活动？	1＝是，0＝否
政府推广	政府是否开展过水土保持措施相关的推广活动？	1＝是，0＝否
政府投资	政府是否对水土保持措施进行过投资？	1＝是，0＝否
政府组织	政府是否组织过实施水土保持措施？	1＝是，0＝否
政府补贴	政府是否对实施水土保持措施进行补贴？	1＝是，0＝否

(二) 政府支持原始表征指标特征分析

对农户接受政府支持的情况进行统计分析见表 11-12。

表 11-12　政府支持指标描述性统计

指标	具体问题	Min	Max	Mean	Std.
政府支持	根据政府宣传、推广、投资、组织、补贴求出加权平均值	0	1	0.55	0.36
政府宣传	政府是否开展过水土保持措施相关的宣传活动？ 1＝是，0＝否	0	1	0.46	0.5

（续）

指标	具体问题	Min	Max	Mean	Std.
政府推广	政府是否开展过水土保持措施相关的推广活动？1＝是，0＝否	0	1	0.38	0.49
政府投资	政府是否对水土保持措施进行过投资？1＝是，0＝否	0	1	0.65	0.57
政府组织	政府是否组织过实施水土保持措施？1＝是，0＝否	0	1	0.64	0.5
政府补贴	政府是否对实施水土保持措施进行补贴？1＝是，0＝否	0	1	0.64	0.49

从表中可以看出，政府宣传均值为 0.46，政府推广均值为 0.38，政府投资均值为 0.65，政府组织均值为 0.64，政府补贴均值为 0.64。对政府宣传、推广、投资、组织、补贴进行加权平均，得到政府支持的值，均值为 0.55。

（三）样本区域技术采用与未采用农户政府支持差异分析

水土保持技术采用户和未采用户的政府支持的对比见表 11 - 13、表 11 - 14、表 11 - 15。

表 11 - 13　工程技术两组政府支持各指标描述性统计

指标	采用户		未采用户	
	Mean	Std.	Mean	Std.
政府宣传	0.469 3	0.499 4	0.445 2	0.497 6
政府推广	0.401 1	0.490 4	0.342 8	0.475 2
政府组织	0.731 2	0.548 3	0.526 2	0.571 2
政府投资	0.744 9	0.463 5	0.459 5	0.508 4
政府补贴	0.652 4	0.463 5	0.633 0	0.477 8
政府支持	0.595 9	0.346 9	0.485 2	0.380 0

表 11 - 14　生物技术两组政府支持各指标描述性统计

指标	采用户		未采用户	
	Mean	Std.	Mean	Std.
政府宣传	0.547 3	0.498 1	0.357 3	0.479 6
政府推广	0.449 4	0.497 8	0.296 8	0.457 2
政府组织	0.754 4	0.596 6	0.542 5	0.502 4
政府投资	0.704 6	0.463 5	0.565 2	0.529 4
政府补贴	0.911 7	0.283 9	0.319 5	0.478 7
政府支持	0.673 5	0.322 8	0.416 2	0.359 0

表 11-15　耕作技术两组政府支持各指标描述性统计

指标	采用户		未采用户	
	Mean	Std.	Mean	Std.
政府宣传	0.489 6	0.500 9	0.452 2	0.497 9
政府推广	0.406 6	0.492 2	0.372 1	0.483 6
政府组织	0.838 2	0.380 2	0.609 2	0.595 6
政府投资	0.879 7	0.405 7	0.577 4	0.503 1
政府补贴	0.639 9	0.481 3	0.639 0	0.487 1
政府支持	0.650 6	0.305 4	0.530 2	0.373 1

可以看出，对于水土保持工程技术、水土保持生物技术、水土保持耕作技术，采用户的政府支持及其各个维度均高于未采用户，这也从侧面反映出政府支持对农户水土保持技术采用具有促进作用。

本篇小结：在以往研究基础上，本篇界定了资本禀赋的内涵，并在此基础上构建了资本禀赋的测度指标体系。进而利用陕西、甘肃和宁夏两省一区微观农户调查数据，运用熵权法测算了资本禀赋及其各资本维度指数，并对农户资本禀赋的基本情况进行描述性统计分析。其次，本篇选取了政府宣传、政府推广、政府组织、政府投资、政府补贴 5 个方面表征政府支持，并运用加权平均法对政府支持进行测度。主要研究发现如下。

（1）分别从自然资本禀赋、物质资本禀赋、人力资本禀赋、金融资本禀赋和社会资本禀赋 5 个维度选取观测指标，构建了较为系统、科学的资本禀赋测度指标体系。就资本禀赋总指数，农户之间的差异较大，资本禀赋总指数均值为 5.666，最高值为 9.041，最低值为 3.461，差异较大。农户的五大资本禀赋按照均值排序为：社会资本禀赋（1.622）＞人力资本禀赋（1.215）＞物质资本禀赋（1.213）＞金融资本禀赋（0.809）＞自然资本禀赋（0.805），最高与最低值之间相距 0.817 个单位。资本禀赋总指数来看，53.04% 的农户属于弱资本型，46.96% 农户属于强资本型。从资本禀赋结构来看，社会资本禀赋占优型农户（64.91%）多于物质资本禀赋占优型农户（14.93%），多于人力资本禀赋占优型农户（12.33%），多于自然资本禀赋占优型农户（1.48%），多于金融资本禀赋占优型农户（0.43%）。

（2）在对比分析水土保持技术采用户和未采用户的资本禀赋状况时发现，水土保持工程技术采用户在资本禀赋总指数和各维度上的均值均大于未采用水土保持工程技术的农户，对于物质资本禀赋、自然资本禀赋、社会资本禀赋来说，水土保持生物技术采用户的均值均大于未采用水土保持生物技术的农户。对于物质资本禀赋、自然资本禀赋、金融资本禀赋、社会资本禀赋和资本禀赋总指数来说，水土保持耕作技术采用户的均值均大于未采用水土保持耕作技术的农户。

（3）选择政府宣传、政府推广、政府组织、政府投资和政府补贴五个维度表征政府支持。政府宣传均值为0.46，政府推广均值为0.38，政府投资均值为0.65，政府组织均值为0.64，政府补贴均值为0.64。对政府宣传、推广、投资、组织、补贴进行加权平均，得到政府支持的值，均值为0.55。

（4）通过对比水土保持技术采用户和未采用户的政府支持情况，水土保持工程技术、水土保持生物技术、水土保持耕作技术采用户的政府支持及其五个维度值均高于未采用户，这也从侧面反映出政府支持对农户水土保持技术采用行为具有促进作用。

第五篇

资本禀赋、政府支持对农户水土保持技术认知的影响

第十二章 资本禀赋、政府支持对农户水土保持技术认知的影响

农户对水土保持技术的认知影响着其采用行为，因此需要关注农户水土保持技术认知。基于此，本篇在第四篇对资本禀赋与政府支持进行测度的基础之上，从资本禀赋与政府支持出发，考察其对农户水土保持技术认知的影响。结合已有研究与水土保持技术的特征，探究资本禀赋和政府支持对农户水土保持技术增产价值认知、增收价值认知和生态环境改善价值认知的影响。

一、问题的提出

水土保持技术对治理水土流失，促进生态环境改善具有重要的作用，具有显著的经济效益、社会效益和生态效益。自我国实行家庭承包经营制度以来，农户成为农业经营的主体，是水土保持技术最终采纳者和采纳的主力军（李想，2014），水土流失治理效果依赖于农户对水土保持技术的采纳行为。农户技术采纳行为包含技术认知、技术采纳及效应评估等一系列的决策过程（Rogers，1962；吴雪莲，2016）。在农户技术采纳决策行为这一过程中，农户技术认知是最初的环节，对技术采纳能够产生直接的影响。农户对水土保持技术的价值认知，是采用水土保持技术的前提，影响着农户的采用行为。根据认知心理学理论，人的信念决定其偏好，进一步又决定其决策和行为；从发生学角度，农户的认知在决策之前。因此，理清农户的认知过程对于了解其采用行为具有重要的意义。那么农户对水土保持技术的认知如何？资本禀赋和政府支持对农户水土保持技术认知影响如何？因此，本章引入资本禀赋与政府支持两大因子，利用微观农户数据，采用 Ordered Probit 模型实证

分析并揭示了资本禀赋与政府支持对水土保持技术的价值认知的影响，本章关于农户水土保持技术认知，以及资本禀赋和政府支持对农户水土保持技术的认知的影响研究，对引导水土保持技术有效供给和促进水土保持技术扩散具有重要意义。

二、理论分析和研究假设

人力资本的影响。受教育程度的影响。何可等（2014）研究表明受教育程度正向影响农户对资源性农业废弃物循环利用的价值的感知程度。顾廷武等（2016）研究表明受教育程度对农民作物秸秆资源化利用的经济福利响应程度具有显著的正向影响。李莎莎等（2015）研究表明户主受教育程度与农户的测土配方施肥技术认知呈正相关关系。吴雪莲等（2017）研究表明受教育程度显著正向影响农户绿色农业技术认知深度。关于受教育程度如何影响农户技术认知，一方面，受教育程度越低，农户学习吸收水土保持技术的能力相对越弱，进而妨碍其技术认知，受教育水平越高，接受和理解能力越强，对新技术的认知能力也会越强，文化程度高的农户更容易认识到水土流失的危害和水土保持技术的价值。另一方面，文化程度高的农户更容易找到非农工作，从事非农工作的概率越大，越会抑制农户水土保持技术认知。关于兼业情况与农户技术认知的影响关系，得到的研究结论不一致。一方面，兼业的农户见识更加广泛，能够接触到更多的信息，因此对环境保护有更高的认知（邢美华等，2009）。另一方面，有研究表明兼业情况对农户绿色农业技术认知深度有负向显著影响。农户兼业可能不重视农业生产，将工作重心更多地放在非农行业，因此对水土保持技术缺乏相关的了解和认知（吴雪莲等，2017）。因此，本书提出以下研究假设。

H12-1：人力资本对农户水土保持技术认知的影响方向不确定。

自然资本禀赋的影响。顾廷武等（2016）研究表明家庭种植面积对农民作物秸秆资源化利用的经济福利响应程度具有显著的正向影响。赵肖柯等（2012）研究表明经营规模显著影响种稻大户的农业新技术认知。因此，提出以下研究假设。

H12-2：自然资本对农户水土保持技术认知具有正向影响。

金融资本禀赋的影响。顾廷武等（2016）研究表明家庭收入水平越高，对作物秸秆资源化利用这一具有一定风险的事物的生态福利表示越高的认同。赵肖柯等（2012）研究表明收入水平显著影响种稻大户的农业新技术认知。王常伟等（2012）研究表明主要依赖农业收入的农户对环境的认知程度高于主要依赖非农收入的农户。李莎莎等（2015）研究表明家庭收入水平偏高的农户对测土配方施肥技术认知程度较低。孔祥智等（2004）研究表明收入水平对农户技术认知具有负向影响。因此，提出以下研究假设。

H12-3：金融资本对农户水土保持技术认知的影响方向不确定。

物质资本禀赋的影响。物质资本能够保障农户从事更加高效的农业生产活动以及追求更好的生活（邝佛缘等，2016）。张童朝等（2017）认为物质资本禀赋等水平的提升可显著增强农户秸秆还田的投资意愿。因此，提出以下研究假设。

H12-4：物质资本对农户水土保持技术认知具有正向影响。

社会资本禀赋的影响。社会资本是指人们实现生计目标所需的社会资源，包括社会关系网络、信任与互惠规范等部分（杨云彦等，2012）。何可等（2014）研究表明农户对资源性农业废弃物循环利用的价值感知程度受到家庭信息化水平的影响。农户为村干部正向影响环境综合认知（李想，2014）。因此，提出以下研究假设。

H12-5：社会资本对农户水土保持技术认知具有正向影响。

政府支持的影响。周宝梅（2007）研究表明农业技术服务环境能够对农户农药残留感知造成影响。黄玉祥等（2012）研究表明技术培训经历影响农户对节水灌溉技术的认知水平。国家实施灌溉补贴的范围和补贴力度不断加大对增强农户了解、认知节水灌溉技术具有显著的促进作用。王静等（2014）研究表明技术创新环境能够显著影响苹果种植户的技术认知。叶琴丽等（2014）研究表明政府的补贴力度对集聚农民的共生认知具有显著的正向影响。李莎莎等（2015）研究表明农技推广部门是宣传测土配方施肥技术的主要部门，对测土配方施肥技术的宣传、推广和示范能够加深农户对该技术的了解和认知，即正向影响农户技术认知。赵肖柯等（2012）研究表明政府宣传正向影响农户对新技术的认知。因此，提出以下研究假设。

H12-6：政府支持对农户水土保持技术认知具有正向影响。

基于以上理论分析，构建资本禀赋、政府支持对农户水土保持技术认知影响机理图（图 12-1）。

图 12-1　资本禀赋、政府支持对农户水土保持技术认知影响机理图

三、变量选择和模型设置

本篇研究所用数据来自课题组于 2016 年 10—11 月在陕西省、甘肃省、宁夏回族自治区进行的实地调研。本次调研共发放问卷 1 200 份问卷，获得有效问卷 1 152 份，样本有效率为 96%。所用样本的具体情况如第三篇所述。

（一）变量选择

1. 因变量

水土保持技术能够提高土地生产力，进而提高作物产量，同时减少土壤肥力的流失，减少农业投入，进而提高农民种植收入，减少贫困（卢江勇等，2012），能够改善生态环境。可见，水土保持技术对治理各类水土流失发挥了积极有效的作用，为发展农业生产、提高群众生活、改善生态环境创造了有利条件（刘朝霞，2002），农户的水土保持技术采用行为不仅有利于降低单位生产成本，还可能在未来获得增产增收回报，同时提供了具有正外部性的环境产品。因此，水土保持技术具有增加产量、增加收入、改善生态环境等价值（黄晓慧等，2019）。因此，在本章中，因变量为农户对水土保持技术的价值认知，具体包括农户对水土保持技术所带来的增产价值、增收价值、生态环境改善价值的认知。通过考察"您认为水土保持技术措施能够增加农业产量吗？"来测量其增产价值认知。通过考察"您认为水土保持技术措施能够增加农民收入吗?"来测量其增收价值认知。通过考察"您认为水土保持技术措施能够改善生态环境吗?"来测量其生态价值认知。

2. 核心自变量

本章核心自变量为第四章农户资本禀赋与政府支持。

3. 其他变量

此外，为避免外界环境对农户水土保持技术认知的影响，在水土保持技术认知模型中加入农户的生态认知和生态补偿政策认知变量。根据生态补偿政策了解度、生态补偿政策满意度、生态补偿政策受惠度计算加权平均值，以此代表农户生态补偿政策认知。用农户对水土流失严重程度感知作为农户的生态认知。

上述具体变量的描述性统计分析见表 12-1。从统计结果来看，农户水土保持技术增产价值认知的均值为 3.48，增收价值认知的均值为 3.39，生态价值认知的均值为 3.78，都超过一般水平。在样本特征方面，受访农户文化程度主要集中在初中；家庭劳动力数量均值为 3 人；农户家庭平均耕地面积为 11.01 亩，平均林地面积 3.47 亩，家庭农用机械数量均值 0.44。总体而言，样本农户各方面特征与当前我国西部农村实际状况较为一致。

表 12-1　变量含义和描述性统计

变量	含义及赋值	最小值	最大值	均值	标准误
因变量					
增产价值认知	您认为水土保持措施能够增加农业产量吗：没有作用=1，作用较小=2，一般=3，作用较大=4，作用非常大=5	1	5	3.479 2	1.005 4
增收价值认知	您认为水土保持措施能够增加农民收入吗：没有作用=1，作用较小=2，一般=3，作用较大=4，作用非常大=5	1	5	3.394 9	1.019 9
生态价值认知	您认为水土保持措施能够改善生态环境吗：没有作用=1，作用较小=2，一般=3，作用较大=4，作用非常大=5	1	5	3.778 6	0.843 3
解释变量					
资本禀赋	根据熵值法测度	3.461 1	9.040 8	5.666 3	0.882 0
人力资本	根据熵值法测度	0.515 6	0.245 6	1.215 4	0.316 1

（续）

变量	含义及赋值	最小值	最大值	均值	标准误
受教育程度	文盲＝1，小学＝2，初中＝3，高中或中专＝4，大专及以上＝5	1	5	2.440 9	0.952 4
是否兼业	1＝是，0＝否	0	1	0.424 5	0.494 4
劳动力数量	家庭劳动力数量	0	12	2.999 1	1.484 6
自然资本	根据熵值法测度	0.539 4	3.123 2	0.805 5	0.279 8
耕地面积	农户所经营的耕地面积，单位：亩	0	64	11.014 0	10.950 3
林地面积	农户所经营的林地面积，单位：亩	0	60	3.472 0	6.392 3
物质资本	根据熵值法测度	0.639 1	2.522 3	1.213 9	0.282 9
住房类型	1＝混凝土，2＝砖瓦，3＝砖木，4＝土木，5＝石窑	1	5	2.849 8	1.369 6
农用机械数量	家庭农用机械数量	0	3	0.440 1	0.554 4
工具种类	家庭交通工具数量（个）	0	3	0.969 6	0.731 5
金融资本	根据熵值法测度	0.475 7	3.163 9	0.808 9	0.265 7
总收入	1＝1万及以下，2＝1万～3万，3＝3万～5万，4＝5万～10万，5＝10万及以上	1	5	2.540 8	1.159 7
借贷	是否借贷：是＝1，否＝0	0	1	0.314 2	0.464 4
社会资本	根据熵值法测度	0.654 5	2.838 2	1.622 5	0.406 6
村干部	家庭是否有村干部？1是，0否	0	1	0.175 3	0.380 4
来往人数	0～20＝1，20～50＝2，50～100＝3，>100＝4	1	4	2.033 8	0.988 1
相互信任	1＝没有，2＝很少，3＝一般，4＝较多，5＝很多	1	5	3.717 0	0.988 9
相互帮助	没有＝1，很少＝2，一般＝3，较多＝4，很多＝5	1	5	3.836 8	0.873 1
政府支持	根据政府宣传、推广、组织、投资、补贴计算加权平均值	0	1	0.555 4	0.363 2
生态补偿政策认知	根据生态补偿政策了解度、生态补偿政策满意度、生态补偿政策受惠度计算加权平均值	1	5	3.010 1	0.674 2
生态认知	几乎不发生＝1，不太严重＝2，一般＝3，比较严重＝4，非常严重＝5	1	5	2.566 8	1.123 5

（二）模型构建：Ordinal Probit 模型

本章为反映农户对水土保持技术增产价值、增收价值和生态价值认知，采用李克特（Likert）五级量表对其进行赋值。可见农户对水土保持技术认知为 1~5 的排序数据，因此采用 Ordinal Probit 模型进行估计。根据前文分析，水土保持技术具有增加作物产量、增加收入和改善生态环境等三方面的作用。所以，这里运用了三个 Ordinal Probit 模型。模型 I 为资本禀赋和政府支持影响农户水土保持技术增加产量认知模型；模型 II 为资本禀赋和政府支持影响农户水土保持技术增加收入认知模型；模型 III 为资本禀赋和政府支持影响农户水土保持技术改善生态环境认知模型。

Ordinal Probit 模型的基本形式是：

$$y^* = X'\beta + \varepsilon \qquad (12-1)$$

选择规则为

$$y = \begin{cases} 1, & \text{若 } y^* \leqslant r_1 \\ 2 & \text{若 } r_1 < y^* \leqslant r_2 \\ 3 & \text{若 } r_2 < y^* \leqslant r_3 \\ 4 & \text{若 } r_3 < y^* \leqslant r_4 \\ 5 & \text{若 } r_4 < y^* \end{cases} \qquad (12-2)$$

假设 $\varepsilon \sim N(0, 1)$，则

$$
\begin{aligned}
P(y=1|x) &= P(y^* \leqslant r_1|x) = P(x'\beta + \varepsilon \leqslant r_1|x) \\
&= P(\varepsilon \leqslant r_1 - x'\beta|x) = \Phi(r_1 - x'\beta) \\
P(y=2|x) &= P(r_1 < y^* \leqslant r_2|x) \\
&= P(y^* \leqslant r_2|x) - P(y^* < r_1|x) \\
&= P(x'\beta + \varepsilon \leqslant r_2|x) - \Phi(r_1 - x'\beta) \\
&= P(\varepsilon \leqslant r_2 - x'\beta|x) - \Phi(r_1 - x'\beta) \\
&= \Phi(r_2 - x'\beta) - \Phi(r_1 - x'\beta) \\
P(y=3|x) &= \Phi(r_3 - x'\beta) - \Phi(r_2 - x'\beta) \\
P(y=4|x) &= \Phi(r_4 - x'\beta) - \Phi(r_3 - x'\beta) \\
P(y=5|x) &= 1 - \Phi(r_4 - x'\beta)
\end{aligned}
\qquad (12-3)
$$

式（12-1）中：y^* 为不可观测的潜在变量；X 为自变量，表示影响农户水土保持技术认知的各个因素，这里表示资本禀赋、政府支持等，β 表示待估计参数 $\varepsilon_i \sim N(0, \sigma^2 2I)$，$r_1 < r_2 < r_3 < r_4$ 为切点。

四、资本禀赋与政府支持影响农户水土保持技术认知实证结果与分析

本章运用统计软件 Stata14.0，利用 Ordinal Probit 计量模型，分别实证分析资本禀赋和政府支持对农户水土保持技术增加产量认知、增加收入认知、改善生态环境认知的影响效应。表12-2，表12-3 和表12-4 的模型Ⅰ分别考察资本禀赋总指数与政府支持对农户水土保持技术增加产量、增加收入和改善生态环境的认知的影响，表12-2，表12-3 和表12-4 的模型Ⅱ分别考察资本禀赋五个维度与政府支持对农户水土保持技术增加产量、增加收入和改善生态环境认知的影响，表12-2，表12-3 和表12-4 的模型Ⅲ分别考察资本禀赋14 个具体指标与政府支持对农户水土保持技术增加产量、增加收入和改善生态环境认知的影响。

表 12-2　资本禀赋、政府支持对农户水土保持技术增产价值认知的影响

变量	模型Ⅰ	模型Ⅱ	模型Ⅲ
资本禀赋	0.318 2*** (0.065 0)		
人力资本		−0.336 3* (0.187 4)	
受教育程度			−0.102 0* (0.060 5)
是否兼业			0.046 4 (0.116 1)
劳动力数量			−0.075 7* (0.038 7)
物质资本		−0.124 3 (0.197 4)	
住房类型			−0.144 6*** (0.042 4)
农用机械数量			0.155 7 (0.106 9)
工具种类			0.048 2 (0.080 9)
自然资本		0.665 3*** (0.211 7)	
耕地面积			0.027 6*** (0.005 6)
林地面积			−0.011 5 (0.008 9)

（续）

变量	模型Ⅰ	模型Ⅱ	模型Ⅲ
金融资本		0.418 3* (0.226 6)	
年总收入			0.069 0 (0.052 7)
是否借贷			0.066 0 (0.119 2)
社会资本		0.855 3*** (0.148 3)	
是否是村干部			0.185 9 (0.150 8)
来往人数			−0.093 6 (0.059 3)
相互信任			0.247 7*** (0.061 1)
相互帮助			0.351 2*** (0.066 5)
政府支持	0.381 3** (0.162 5)	0.252 4 (0.164 3)	0.394 9** (0.166 9)
生态补偿政策认知	0.380 9*** (0.093 4)	0.301 9*** (0.095 1)	0.328 2*** (0.097 7)
生态认知	0.139 8*** (0.043 4)	0.126 6*** (0.043 7)	0.128 2*** (0.044 3)
Pseudo R^2	0.029 7	0.039 9	0.062 1
Log likelihood	−1 543.618 3	−1 527.449 5	−1 492.184 6
LR chi^2 ()	94.61	126.95	197.48
Prob>chi^2	0.000 0	0.000 0	0.000 0

注：*、** 和 *** 分别代表通过了 10%、5% 和 1% 水平的显著性检验，括号内的数字为系数的标准误。

表 12-3　资本禀赋、政府支持对农户水土保持技术增收价值认知的影响

变量	模型Ⅰ	模型Ⅱ	模型Ⅲ
资本禀赋	0.364 1*** (0.065 1)		
人力资本		−0.079 2 (0.186 9)	
受教育程度			−0.034 3 (0.060 4)
是否兼业			0.069 3 (0.116 1)
劳动力数量			−0.023 0 (0.039 5)
物质资本		0.020 2 (0.195 4)	
住房类型			−0.149 4*** (0.042 5)
农用机械数量			0.281 2*** (0.106 2)
工具种类			0.062 8 (0.080 5)
自然资本		0.823 4*** (0.212 6)	
耕地面积			0.026 4*** (0.005 6)

（续）

变量	模型 I	模型 II	模型 III
林地面积			−0.003 5（0.008 9）
金融资本		0.192 9（0.222 3）	
年总收入			−0.006 6（0.052 8）
是否借贷			0.059 5（0.126 4）
社会资本		0.829 9***（0.147 8）	
是否是村干部			0.089 8（0.148 3）
来往人数			−0.092 7（0.059 5）
相互信任			0.262 6***（0.060 8）
相互帮助			0.324 5***（0.066 2）
政府支持	0.344 1**（0.160 8）	0.218 7（0.162 8）	0.331 2**（0.165 2）
生态补偿政策认知	0.314 9***（0.092 5）	0.232 6**（0.094 3）	0.328 2***（0.097 7）
生态认知	0.118 9***（0.043 5）	0.110 7**（0.043 7）	0.251 5***（0.096 8）
Pseudo R^2	0.027 8	0.035 4	0.058 0
Log likelihood	−1 560.896 6	−1 548.599 9	−1 512.374 8
LR chi^2（）	89.11	113.70	186.15
Prob>chi^2	0.000 0	0.000 0	0.000 0

注：*、** 和 *** 分别代表通过了 10%、5% 和 1% 水平的显著性检验，括号内的数字为系数的标准误。

表 12-4　资本禀赋、政府支持对农户水土保持技术生态价值认知的影响

变量	模型 I	模型 II	模型 III
资本禀赋	0.084 2（0.065 1）		
人力资本		−0.513 7***（0.191 3）	
受教育程度			−0.011 1（0.061 4）
是否兼业			−0.162 6（0.117 4）
劳动力数量			−0.129 9***（0.041 0）
物质资本		−0.077 9（0.197 7）	
住房类型			−0.062 9（0.042 9）
农用机械数量			0.114 8（0.107 7）
工具种类			−0.045 4（0.081 5）
自然资本		−0.080 7（0.220 5）	
耕地面积			−0.003 4（0.005 7）

（续）

变量	模型Ⅰ	模型Ⅱ	模型Ⅲ
林地面积			−0.003 1（0.009 4）
金融资本		0.080 4（0.228 5）	
年总收入			0.047 8（0.054 3）
是否借贷			0.053 1（0.129 1）
社会资本		0.692 6***（0.150 5）	
是否是村干部			−0.141 4（0.151 5）
来往人数			0.062 1（0.060 5）
相互信任			0.196 8***（0.061 5）
相互帮助			0.242 5***（0.065 6）
政府支持	0.646 8***（0.164 6）	0.575 7***（0.167 1）	0.565 3**（0.170 4）
生态补偿政策认知	0.312 8***（0.091 7）	0.260 5***（0.094 1）	0.261 5***（0.096 3）
生态认知	0.070 1（0.049 1）	0.056 1（0.050 4）	0.055 0（0.051 9）
Pseudo R^2	0.018 9	0.027 4	0.035 0
Log likelihood	−1 385.940 9	−1 373.975 6	−1 363.288 3
LR chi^2（）	53.52	77.45	98.82
Prob>chi^2	0.000 0	0.000 0	0.000 0

注：*、** 和 *** 分别代表通过了 10%、5% 和 1% 水平的显著性检验，括号内的数字为系数的标准误。

从回归结果来看，表 12-2、表 12-3 和表 12-4 中三个模型的−2Log likelihood 值依次减少，而 Pseudo R^2 依次增加，表明三个模型的拟合程度不断提高。政府支持、生态补偿政策认知和生态认知的回归系数的符号及其显著性在三个逐步回归模型中基本保持一致，说明模型结果具有较好的稳健性。

（一）资本禀赋及其构成对农户水土保持技术认知的影响

从表 12-2 和表 12-3 的模型Ⅰ回归结果来看，资本禀赋总指数对农户水土保持技术增加产量和增加收入认知的回归系数分别为 0.318 2、0.364 1，都通过 1% 显著性水平检验，说明农户资本禀赋能够提高农户水土保持技术增产价值和增收价值的认知。因为资本禀赋是农户在水土流失变化风险下自身资本的拥有水平，是农户认知的内生驱动力，农户的资本禀赋水平越高，农户对水土保持技术价值认知越高。

在表 12-2 的增产价值认知模型中，人力资本、自然资本、金融资本、社会资本对农户水土保持技术增产价值认知的回归系数分别为 -0.336 3、0.665 3、0.418 3、0.855 3，并分别通过 10%、1%、10%、1% 显著性水平检验，这说明，在农户水土保持技术增产价值认知方面，自然资本、金融资本、社会资本具有促进作用，人力资本对农户水土保持技术增产价值认知具有负向影响。人力资本越高，非农就业机会越多，农户将更多的精力用在非农领域，因此对农业生产不重视，导致对水土保持技术认知不足。表 12-3 的增收价值模型中，自然资本的回归系数为 0.823 4，社会资本的回归系数为 0.829 9，都通过 1% 显著性水平检验，这说明，在农户水土保持技术增收价值认知方面，自然资本和社会资本具有促进作用。表 12-4 的生态价值模型中，人力资本和社会资本对农户水土保持技术生态价值认知的回归系数分别为 -0.513 7、0.692 6，都通过 1% 显著性水平检验，这说明，在农户水土保持技术生态价值认知方面，社会资本具有促进作用，人力资本具有负向影响。因此假设 H12-2、H12-4、H12-5 得到验证，假设 H12-1、H12-3 的影响方向为负。

具体来说，人力资本中受教育程度对农户水土保持技术增产价值认知通过了 10% 的显著性检验，且系数为负，表明农户受教育程度越高，对水土保持技术增产价值认知越低，可能的解释是农户受教育程度越高，其非农就业机会越多，可能从事非农就业，家庭收入主要依赖非农收入，因此对水土保持技术的价值认知不明显。劳动力数量对农户水土保持技术增产价值认知和生态价值认知分别通过了 10% 和 1% 的显著性检验，且系数为负，也就是说，在其他条件不变的情况下，农民的家庭劳动力数量越多，其对水土保持技术增产价值认知程度和生态认知程度越低。原因是，在家庭农业劳动力数量一定的情况下，家庭劳动力数量多，从事非农就业的劳动力数量会比较多，外出就业的可能性比较大，对农业生产的不够重视，限制了农户对水土保持技术的价值认知。物质资本中住房类型对农户水土保持技术增产价值认知和增收价值认知都通过了 1% 的显著性检验，且系数为负，也就是说，在其他条件不变的情况下，房屋类型越好，其对水土保持技术认知越高。可能的解释是，房屋类型代表农户的物质资本水平，反映其风险承受能力，进而影响着农户的认知（黄晓慧等，2019）。农用机械数量对农户水土保持技术增收价值认知通过了 1% 的显著性检验，且系数为正，就是说，在其他条件不变的情况下，农用机械数量越多，其对水土保持技术认知越高。可能的解释是，农用机械数量越多，说明农户对农业生产更重视，对水土流失更加敏感，因此对水土保持技术认知更高。自然资本中耕地面积对农户水土保持技术增产价值认知的系数为 0.027 6，对增收价值认知的系数为 0.026 4，都通过了 1% 的显著性检验，因为，一方面，耕地规模越大，农户可能更加依赖农业，越会接触和了解水土保持技术，以期实现利益最大化的规模效应（李莎莎等，2015）。另一方面，耕地规模越大，对水土流失更为敏感，水土流失对耕地面积大的农户造成的损失风险更大，因此为了规避这种风险，农户会加深对水土保持技术的了解和认知。社会资本中相互信任和相互帮助对农户水土保持技术增产价值认知、增收价值认知和生态价值认知都通过了 1% 的显著性检验，且系数为正，说明，在其他条件不变的情况下，农户之间越相互信任和相互帮助，农户对水土保持技术增产价值认知、增收价值认知和生态价值认知越高，可能的解释是，农户之间的信任和帮助程度越高，代表着农户之间可能经常交流水土保持技术，能够提高农户对水土保持技术的认知水平。

（二）政府支持对农户水土保持技术认知的影响

表 12-2、表 12-3 和表 12-4 的模型回归结果表明，政府支持对农户水土保持技术增产价值、增收价值和生态价值认知都通过了 5% 的显著性检验，且系数为正，假设 H12-6 得到验证。说明，在其他条件不变的情况下，政府支持程度越高，农户对水土保持技术增产价值认知、增收价值认知和生态价值认知越高，原因是，政府支持程度越高，对水土保持技术的宣传推广力度越大，提高了农户对水土保持技术的认知。加强水土保持技术宣传、推广，对引导农户了解、认知和熟悉这项技术的基本原理和功效有积极促进作用，所以，认知度更高。国家实施补贴的范围和补贴力度不断加大对农户了解、认知水土保持技术具有显著的促进作用。良好的政策与环境氛围，有助于促进农户对水土保持技术的认知。

（三）其他变量对农户水土保持技术认知的影响

从表 12-2、表 12-3 和表 12-4 的模型回归结果来看，生态认知对农户水土保持技术增产价值、增收价值都通过了 1% 的显著性检验，且系数为正，说明，在其他条件不变的情况下，生态认知越高，农户对水土保持技术增产价值认知、增收价值认知越高，当农户感知水土流失越严重危害越大，能够了解水土流失对生态环境造成的破坏，会促进农户对水土保持技术的认知和了解。可见，农户对水土流失的感知程度显著影响了其对水土保持技术的价值认知。生态补偿政策认知对农户水土保持技术增产价值、增收价值和生态价值认知都通过了 1% 的显著性检验，且系数为正，表明生态补偿政策认知对农户水土保持技术增产价值、增收价值和生态价值认知具有显著的正向影响。说明在其他条件不变的情况下，生态补偿政策认知越高，农户对水土保持技术增产价值认知、增收价值认知和生态价值认知越高。可能的解释是，从经济学的角度看，一项具有"正外部性"的公共物品，其私人收益小于社会收益，对其进行补偿是弥补私人收益与社会收益差额的重要手段。农户对生态补偿政策的认知程度越深，越能够了解水土流失对生态环境造成的破坏，以及对农业生产的危害。较之于不了解生态补偿政策的农户，了解生态补偿政策的农户更能够感受到水土保持技术所带来的增产价值、增收价值和生态价值。农户对当前生态补偿政策越满意，其对水土保持技术增产价值认知、增收价值认知和生态价值认知越高。水土保持技术采用行为可被视为一种投资行为，农户对当前生态补偿政策满意度越高，其投资回报率也相应提高，因而越能够感受到采用水土保持技术所可能获得的回报。

本篇小结：本篇以黄土高原地区陕西、甘肃和宁夏两省一区 1 152 个农户调查数据为例，运用 Ordinal Probit 模型定量分析资本禀赋和政府支持对农民水土保持技术的增产价值认知、增收价值认知、生态价值认知的影响，主要结论如下。

（1）资本禀赋是影响农户水土保持技术认知的重要因素。资本禀赋总指数、自然资本禀赋、金融资本禀赋、社会资本禀赋对农户水土保持技术增产价值认知具有促进作用。人力资本禀赋对农户水土保持技术增产价值认知具有抑制作用。资本禀赋总指数、自然资本禀赋和社会资本禀赋对农户水土保持技术增收价值认知具有促进作用。人力资本禀赋和社会资本禀赋对农户水土保持技术生态价值认知具有重要影响。具体来说，人力资本禀赋中受教育程度对农户水土保持技术增产价值认知负向显著影响，劳动力数量对农户水土保持技术增产价值认知和生态价值认知负向显著影响。物质资本禀赋中住房类型对农户水土保持技术增产价值认知和增收价值认知都具有负向显著影响。农用机械数量对农户水土保持技术增收价值认知正向显著影响。自然资本禀赋中耕地面积对农户水土保持技术增产价值认知和增收价值认知正向显著影响。社会资本禀赋中相互信任和相互帮助对农户水土保持技术增产价值认知、增收价值认知和生态价值认知都具有正向显著影响。

（2）政府支持对农户水土保持技术认知具有重要的促进作用。政府支持对农户水土保持技术增产价值、增收价值和生态价值认知都具有显著的正向影响。

（3）生态认知和生态补偿政策认知对农户水土保持技术增产价值、增收价值和生态价值认知都具有显著的正向影响。

第六篇

资本禀赋、政府支持
对农户水土保持采用决策的影响

第十三章 资本禀赋、政府支持对农户水土保持采用决策的影响

上一篇我们探讨了资本禀赋与政府支持对农户水土保持技术认知的影响。水土流失治理成效关键取决于农户对水土保持技术的采用，在农户对水土保持技术有了一定了解的基础上，农户会做出是否采用的决策，因此，本篇进一步探究资本禀赋和政府支持对农户水土保持技术采用决策的影响。首先，本篇从理论层面分析了资本禀赋和政府支持对农户水土保持技术采用决策的影响；然后，基于农户调查数据，实证分析了资本禀赋和政府支持对农户水土保持技术采用决策的影响，并考察了技术认知的中介效应和政府支持的调节作用。

一、问题的提出

水土保持技术对治理水土流失，促进生态环境改善具有重要的作用。农户是水土保持技术最终的需求者和采纳者，农户作为水土流失影响的直接主体，其决策行为是水土流失改善的基点。关于农户对水土保持技术采用决策的影响因素还有待深入探讨。而且大多已有研究只引入资本禀赋个别变量，全面考察资本禀赋对农户水土保持技术采用决策的影响的较少。考察资本禀赋和政府支持对农户水土保持技术采用决策的互动关系的研究更少。同时，班杜拉的"交互决定论"指出人们的认知会影响他们的行为（班杜拉，2001）。认知直接涉及个体如何主动创造自己的行动（周晓虹，1997），认知是行为的基础，是影响农民个体行为的重要因素。制度变迁理论指出，个体认知决定了其行为（徐美银等，2012；吴萌等，2016）。因此，为了全面考察资本禀赋对农户水土保持技术采用决策的影响，资本禀赋和政府支持对农

户水土保持技术采用决策的互动关系，以及技术认知的中介效应。本章引入资本禀赋与政府支持两大因子，利用微观农户数据，采用双变量 Probit 模型实证分析，并揭示资本禀赋与政府支持对水土保持技术采用决策的影响，并考察了政府支持的调节效应以及技术认知的中介效应。

二、理论分析与研究假设

人力资本的影响。受教育程度可以反映人力资本的质量，劳动力数量可以反映人力资本的数量，兼业情况可以反映出农户的技能情况，劳动力数量和受教育程度是农户家庭进行农业再生产的基础，是农户运用其他资本应对水土流失变化的前提。李卫等（2017）研究发现受教育程度较高农户倾向于采用保护性耕作技术。喻永红等（2009）研究结果表明决策者的受教育程度、工作性质、以及家庭规模对农户采用水稻 IPM 技术的意愿具有显著影响。丰军辉（2014）研究表明受教育程度对农户秸秆能源化需求产生了显著的正效应。一方面，水土保持技术需要投入一定的劳动力，劳动力数量越多，越有可能采用水土保持技术，农户文化水平越高可能更加重视水土流失的治理与水土保持技术的采用，兼业能够提高农户人力资本，影响着农户水土保持技术的采纳。另一方面，文化程度高的农户更容易找到非农工作，从事非农工作的概率越大，会抑制农户采纳水土保持技术。家庭中劳动力人数越多，一些劳动力外出打工进行兼业生产的概率越大，可能造成对农业生产的忽视（李然嫣等，2017），因此抑制了农户采纳水土保持技术。因此，提出以下研究假设。

H13-1：人力资本及受教育程度、劳动力数量、兼业影响农户水土保持技术采用决策的关系不确定。

自然资本禀赋的影响。土地是农业生产过程中重要的自然资本禀赋，土地规模、土地数量的多少、耕地细碎化显然会影响农户的思想观念和行为。高瑛等（2017）研究表明，耕地特征方面的因素是影响农户生态友好型农田土壤管理技术采纳决策的主要因素。赵连阁等（2012）研究表明耕地规模、耕地块数影响着农户采用物理防治型 IPM 技术和生物防治型 IPM 技术。农业生产严重依赖自然条件，自然资本禀赋越丰富越能促进农户采用更有利的水土保持技术（田云，2015；刘可等，2019）。张童朝等（2017）研究表明耕地面积正向影响农户绿色生产方式的投资意愿。农业生产对自然条件的高度依赖性决定了较好的自然资本禀赋有利于农户采用水土保持技术。因此，提出以下研究假设。

H13-2：自然资本及耕地面积、林地面积对农户水土保持技术采用决策具有正向影响。

金融资本禀赋的影响。毕茜（2014）认为收入相对较高的农户一般更有经济实力去付出技术投入，并承担亲环境农业技术可能带来的风险。吴丽丽等（2017）研究表明，劳均家庭年收入、非农收入占比正向影响农户学习和采纳劳动节约型技术。陈志刚等（2009）研究发现，种植业收入比重较高的农户更易于采取耕地保护行为。一方面，金融资本禀赋是农户承担风险、进行生态生产行为资金投入的重要前提和保障（张童朝等，2017），金融资本禀赋越丰富，农户具有更强的风险承受能力，和更强的资金承担能力，农户越有资金投入到水土保持技术的采用上（刘可等，2019）。水土保持技术作为一项支出活动，当农户的经济状况较好，其经济压力会更小，越可能采用水土保持技术。家庭总现金收入为农户采纳水土保持技术提供资金保障，当农户家庭总现金收入不足时，可能需要通过借贷来弥补。另一方面，金融资本高的农户可能更多地从事非农就业，务农机会成本高，更多地依靠非农收入，农户更多地重视非农产业，对农业生产不重视，投入到农业的时间较短，因此会抑制农户采纳水土保持技术（李莎莎等，2015）。因此，提出以下研究假设。

H13-3：金融资本及年总收入、借贷对农户水土保持技术采用决策的影响关系不确定。

物质资本禀赋的影响。张童朝等（2017）认为物质资本禀赋等水平的提升可显著增强农户秸秆还田的投资意愿。农用机械的使用可以使农户生产效率得到极大提高（张童朝等，2017）；交通工具在农户进行农业生产投资和销售过程中具有重要作用（冯晓龙，2017）。同时，俗话说安居乐业，因此，这里选择房屋类型。此外，在一定程度上，物质资本代表了农户的生活水平，物质资本越好，生活水平越高，则更加追求生活质量和环境改善，自然更愿意采纳具有经济效益和生态效益的水土保持技术。因此，提出以下研究假设。

H13-4：物质资本及农用机械数量、住房类型、工具种类对农户水土保持技术采用决策具有正向影响。

社会资本禀赋的影响。社会资本是指人们实现生计目标所需的社会资源，包括社会关系网络、信任与互惠规范等部分（杨云彦等，2012）。何可、张俊飚（2015）研究表明人际信任、制度信任在农民农业废弃物资源化利用的决策中发挥着显著促进作用。朱萌等（2016）研究表明参加农民专业合作社的种稻大户比不参加农民专业合作社的种稻大户更能促进环境友好型技术的采用。冯晓龙（2017）研究表明村干部、人情往来、农户对周围人的信任程度正向影响农户对技术信息的理解能力。互惠规范指两个行动者相互依赖的关系，可以激励农户从事水土保持技术等公共事务（Gouldner，1960）。农户与周围人越相互帮助和相互信任，其集体行动的可能性越大，进而促进农户采用水土保持技术（贾蕊，2018）。社会资本能够有效降低农户采用水土保持技术的成本，还可以通过社会网络对水土保持技术进行推广和扩散，因此会促进农户采用水土保持技术（田云，2015；刘可等，2019）。因此，提出以下研究假设。

H13-5：社会资本及村干部、来往人数、相互信任、相互帮助对农户水土保持技术采用决策具有正向影响。

政府支持的影响。政府推广服务、补贴、宣传能够显著促进农户采用保护性耕作技术（李卫等，2013）、测土配方施肥技术（邓祥宏等，2011）、节水灌溉技术（王格玲等，2015）、秸秆还田行为（钱加荣等，2011）。谢婉菲等（2012）研究表明政府宣传力度正向影响农户耕地保护意愿。李然嫣等（2017）研究表明政府宣传力度对农户黑土耕地保护意愿具有正向影响。因此，提出以下研究假设。

H13-6：政府支持对农户水土保持技术采用决策具有正向影响。

政府支持的调节作用。农户在充分利用资本禀赋优势进行决策的同时，会根据农业补贴政策的变化进行调整，即补贴政策对农户决策行为起着调节作用（刘滨，2014）。张郁等（2015）在研究养猪户资源禀赋影响环境行为关系研究中证实了生态补偿政策的正向调节效应。刘滨等（2014）在研究资源禀赋影响农户决策行为的研究中证实了补贴政策的正向调节作用。林丽海等（2017）在研究农户心理认知影响垃圾处理行中证实了治理情境因素的调节作用。因此，提出以下研究假设。

H13-7：政府支持对资本禀赋与农户水土保持技术采用决策关系中具有调节效应。

多数研究已经证实了资本禀赋、政府支持影响着农户的技术认知（何可等，2014；顾廷武等，2016；吴雪莲等，2017；赵肖柯等，2012；王常伟等，2012；邢美华等，2009；周宝梅，2007；黄玉祥等，2012；王静等，2014；李莎莎等，2015；叶琴丽等，2014；马爱慧等，2015）。技术认知对农户水土保持技术采用决策的影响。很多研究表明认知正向影响个体的行为意向和决策，认知是行为的基础（邢美华等，2009；邓正华等，2013；何可等，2014）。李曼、陆迁（2017）研究表明对节水灌溉技术效果的认知越好，农户越可能采用节水灌溉技术。顾廷武（2017）研究表明农民秸秆还田的生态福利认知和社会福利认知均对其作物秸秆还田利用意愿选择存在显著的正向作用。可见当农户对水土保持技术带来的价值有较高的认知，会促进农户采用水土保持技术。因此，提出以下研究假设。

H13-8：技术认知在资本禀赋影响农户水土保持技术采用决策关系中具有中介效应。

基于以上理论分析，构建资本禀赋、政府支持对农户水土保持技术采用决策影响机理图（图13-1）。

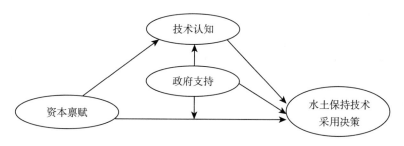

图13-1 资本禀赋、政府支持对农户水土保持技术采用决策影响机理图

三、变量选择和模型设置

本篇研究所用样本的具体情况如第三篇所述。

（一）变量选择

1. 因变量

本篇选择农户水土保持技术认知和水土保持技术采用决策作为因变量。需要特别说明的是，对水土保持技术增产价值认知、增收价值认知和生态价值认知三者进行加权平均得到农户技术认知，根据农户对水土保持技术认知进行以下变换，当农户对水土保持技术的认知＞3.0时认为农户对水土保持技术有一定认知，认定为充分认知型农户，此时 y_1 取值为1，否则 y_1 取值为0；当农户做出采用水土保持技术的决策，此时 y_2 取值为1，否则取值为0。

2. 核心自变量

本篇核心自变量为第四篇农户资本禀赋与政府支持。

3. 其他变量

此外，为避免外界环境对农户水土保持技术采用决策的影响，在模型中加入农户的生态认知和生态补偿政策认知变量。根据生态补偿政策了解度、生态补偿政策满意度、生态补偿政策受惠度计算加权平均值，以此代表农户生态补偿政策认知。用农户对水土流失严重程度认知作为农户的生态认知。

上述变量的定义、赋值以及描述性统计分析见表13-1。从统计结果来看，约63％的农户对水土保持技术有充分的认知，86％的农户或多或少地采用了水土保持技术。

表 13-1　变量含义和描述性统计

变量	含义及赋值	最小值	最大值	均值	标准误
因变量					
水土保持技术认知	充分认知＝1，缺乏认知＝0	0	1	0.630 2	0.482 9
水土保持技术采用决策	采用＝1，未采用＝0	0	1	0.863 7	0.343 2
解释变量					
资本禀赋	根据熵值法测度	3.461 1	9.040 8	5.666 3	0.882 0
人力资本	根据熵值法测度	0.515 6	0.245 6	1.215 4	0.316 1

（续）

变量	含义及赋值	最小值	最大值	均值	标准误
受教育程度	文盲＝1，小学＝2，初中＝3，高中或中专＝4，大专及以上＝5	1	5	2.440 9	0.952 4
是否兼业	1＝是，0＝否	0	1	0.424 5	0.494 4
劳动力数量	家庭劳动力数量	0	12	2.999 1	1.484 6
自然资本	根据熵值法测度	0.539 4	3.123 2	0.805 5	0.279 8
耕地面积	农户所经营的耕地面积，单位：亩	0	64	11.014 0	10.950 3
林地面积	农户所经营的林地面积，单位：亩	0	60	3.472 0	6.392 3
物质资本	根据熵值法测度	0.639 1	2.522 3	1.213 9	0.282 9
住房类型	1＝混凝土，2＝砖瓦，3＝砖木，4＝土木，5＝石窑	1	5	2.849 8	1.369 6
农用机械数量	家庭农用机械数量	0	3	0.440 1	0.554 4
工具种类	家庭交通工具数量（个）	0	3	0.969 6	0.731 5
金融资本	根据熵值法测度	0.475 7	3.163 9	0.808 9	0.265 7
总收入（元）	1＝1万及以下，2＝1万～3万，3＝3万～5万，4＝5万～10万，5＝10万及以上	1	5	2.540 8	1.159 7
借贷	是否借贷：是＝1，否＝0	0	1	0.314 2	0.464 4
社会资本	根据熵值法测度	0.654 5	2.838 2	1.622 5	0.406 6
村干部	家庭是否有村干部？1是，0否	0	1	0.175 3	0.380 4
来往人数	0～20＝1，20～50＝2，50～100＝3，＞100＝4	1	4	2.033 8	0.988 1
相互信任	1＝没有，2＝很少，3＝一般，4＝较多，5＝很多	1	5	3.717 0	0.988 9
相互帮助	没有＝1，很少＝2，一般＝3，较多＝4，很多＝5	1	5	3.836 8	0.873 1
政府支持	根据政府宣传、推广、组织、投资、补贴计算加权平均值	0	1	0.555 4	0.363 2
生态补偿政策认知	根据生态补偿政策了解度、生态补偿政策满意度、生态补偿政策受惠度计算平均值	1	5	3.010 1	0.674 2
生态认知	几乎不发生＝1，不太严重＝2，一般＝3，比较严重＝4，非常严重＝5	1	5	2.566 8	1.123 5

（二）模型方法

农户对水土保持技术是否有一定程度的认知以及是否采用水土保持技

涉及两个二项选择问题。通过上述理论分析可知，认知对决策行为具有中介与协调作用，提高认知对改善和修正行为具有促进作用（唐孝威，2007），因而，提高农户对水土保持技术的认知程度，对水土保持技术采纳决策行为具有促进作用（张复宏等，2017）。因此，本章尝试选用双变量 Probit 模型来考察资本禀赋、政府支持对农户水土保持技术认知和采用决策的影响。双变量 Probit 模型要求同时估计资本禀赋、政府支持对农户水土保持技术认知和采用决策的影响，随机扰动项之间具有相关性，模型存在农户水土保持技术认知和采用决策两个结果变量（肖新成，2015）。

农户对水土保持技术是否有一定程度的认知和水土保持技术采用决策的相关选择进行两两组合，产生"缺乏水土保持技术认知，采纳了水土保持技术"和"缺乏水土保持技术认知，未采用水土保持技术""有一定程度的水土保持技术认知，采纳了水土保持技术""有一定程度的水土保持技术认知，未采用水土保持技术"四种结果（张复宏等，2017）。这里用虚拟变量 y_1 和 y_2 分别表示农户 i 的以上两种选择，设"缺乏水土保持技术认知"用 $y_1 = 0$ 代表，"有一定程度的水土保持技术认知"用 $y_1 = 1$ 代表，"未采纳水土保持技术"用 $y_2 = 0$ 代表，"采纳了水土保持技术"用 $y_2 = 1$ 代表，因此，上述 y_1 和 y_2 进行两两组合形成（0，1）、（0，0）、（1，1）、（1，0）四种结果。这里用不可观测的潜变量 y_1^* 和 y_2^* 分别表示农户对水土保持技术的认知程度变化和对水土保持技术采纳决策的变化，其表达式如下：

$$y_1^* = \alpha_1 + \beta_1 x_i + \varepsilon_1 \qquad (13-1)$$

$$y_2^* = \alpha_2 + \beta_2 x_j + \varepsilon_2 \qquad (13-2)$$

（13-1）（13-2）式中 α_1、α_2、β_1、β_2 为相应变量的估计系数；x_i、x_j 分别表示上述言及的影响农户水土保持技术认知和采用决策的自变量，这里主要是农户的资本禀赋及其维度、政府支持、生态补偿政策认知和生态认知等变量；ε_1、ε_2 为随机误差项，假定误差项服从联合正态分布 N（0，0，1，1，ρ），即：

$$\begin{pmatrix} \varepsilon_i \\ \mu_i \end{pmatrix} \sim N \left\{ \begin{pmatrix} 0 \\ 0 \end{pmatrix}, \begin{pmatrix} 1 & \rho \\ \rho & 1 \end{pmatrix} \right\} \qquad (13-3)$$

其中 ρ 为 ε_1、ε_2 的相关系数，$y_1^* > 0$，表示农户对水土保持技术的认知为正，即有一定程度的认知；同理 $y_2^* > 0$ 表示农户在一定程度上采用了水土保持技术。那么 y_1^* 与 y_1 和 y_2^* 和 y_2 的关系由以下方程决定：

$$y_1 = \begin{cases} 1, & \text{若 } y_1^* > 0 \\ 0, & \text{其他} \end{cases} \qquad y_2 = \begin{cases} 1, & \text{若 } y_2^* > 0 \\ 0, & \text{其他} \end{cases} \qquad (13-4)$$

（13-4）式中两个方程的唯一联系是扰动项 ε_1、ε_2 的相关性。如果 $\rho \neq 0$，说明 y_1^* 和 y_2^* 之间具有相关性，因此，可以用双变量 Probit 模型对 y_1 和 y_2 的取值概率进行最大似然估计。如果 $\rho < 0$，说明 y_1 和 y_2 之间具有替代效应。如果 $\rho > 0$，说明 y_1 和 y_2 之间具有互补效应，如果 $\rho = 0$，说明相当于两个单独的 Probit 模型（张复宏等，2017）。以 ρ_{11} 为例，具体计算过程如下：

$$\begin{aligned} \rho_{11} &= p(y_1 = 1, y_2 = 1) = p(y_1^* > 0, y_2^* > 0) \\ &= p(\varepsilon_1 > -\beta_1 x_i, \varepsilon_2 > -\beta_2 x_j) \\ &= p(\varepsilon_1 < -\beta_1 x_i, \varepsilon_2 < -\beta_2 x_j) \\ &= \Phi(\beta_1 x_1, \beta_2 x_2, \rho) \\ &= \Phi(\beta_1 x_1, \beta_2 x_2, \rho) \end{aligned} \qquad (13-5)$$

据此，ρ_{10} 可以通过上述推导得出。最后，采用最大似然法对 ρ_{11}、ρ_{10} 进行联合估计，考察资本禀赋和政府支持对农户水土保持技术认知和水土保持技术采用决策的影响，方程如下：

$$\ln L \sum_{i=1}^{N} \{ y_1 y_2 \ln \Phi_2(\beta_1 x_1; \beta_2 x_2; \rho) + y_1(1-y_2) \ln[\Phi(\beta_1 x_1) - \Phi_2(\beta_1 x_1; \beta_2 x_2; \rho)] + (1-y_1) \ln \Phi(-\beta_1 x_1) \} \qquad (13-6)$$

$\Phi(\cdot)$ 代表累积标准正态分布函数，L 代表似然函数，$\Phi_2(\cdot)$ 为期望值为 0，方差为 1 的二元累积正态分布函数，ρ 代表相关系数。

最后，判断是利用两个单独的 Probit 模型分别进行估计还是利用双变量 Probit 模型进行估计。主要通过"$H_0: = 0$"检验原假设。如果检验结果接受原假设，则使用两个单独的 Probit 模型分别进行估计。相反，如果检验结果拒绝原假设，就利用双变量 Probit 模型进行估计。

四、资本禀赋、政府支持对农户水土保持采用决策影响的实证分析

此部分运用统计软件 Stata14.0，双变量 Probit 模型对模型进行估计，

估计结果见表 13-2、表 13-3、表 13-4。表 13-2 结果显示，Log likelihood 为 $-1\,080.107\,8$，Wald chi^2（8）为 203.79，P 值为 0.000，说明模型通过了 1% 的统计水平上的显著性检验。ρ 为 0.125 8，通过了 10% 的统计水平上的显著性检验。表 13-3 结果显示，Log likelihood 为 $-1\,048.884\,4$，LR chi^2（16）为 217.42，P 值为 0.000，模型通过了 1% 的统计水平上的显著性检验。ρ 为 0.110 1，通过了 1% 的统计水平上的显著性检验。表 13-4 结果显示，Log likelihood 为 $-1\,009.151\,5$，LR chi^2（34）为 273.37，P 值为 0.000，模型通过了 1% 的统计水平上的显著性检验。ρ 为 0.118 6，通过了 10% 的统计水平上的显著性检验。这说明，农户对水土保持技术的认知及其采用决策之间存在一定的互补效应，即农户对水土保持技术的认知正向影响农户水土保持技术采用决策。拒绝原假设"H0：=0"，代表可以采用双变量 Probit 模型考察资本禀赋与政府支持对农户水土保持技术认知和采用决策的影响。同时说明模型结果具有稳健性。即在资本禀赋与政府支持影响农户水土保持技术采用决策关系中技术认知具有中介效应。假设 H13-8 得到验证。调查结果显示，采用水土保持技术的农户中对其有认知的农户比例大于缺乏认知的农户比例。

表 13-2　资本禀赋总指数与政府支持对农户水土保持技术采用决策的影响

变量	技术认知	采用决策	边际效应
资本禀赋	0.113 9**（0.046 4）	0.050 0（0.062 9）	0.043 2**（0.017 2）
政府支持	0.509 6***（0.117 9）	1.712 3***（0.174 6）	0.329 9***（0.044 2）
生态补偿政策认知	0.314 6***（0.066 8）	0.175 7*（0.091 9）	0.122 8***（0.024 4）
生态认知	0.072 1**（0.035 4）	0.131 8***（0.049 2）	0.036 5***（0.013 2）
Cons	$-1.701\,8^{***}$（0.300 9）	$-0.747\,4^{***}$（0.443 6）	
athrho	0.125 8	Prob>chi^2=0.055 3	
Log likelihood		$-1\,080.107\,8$	
Wald chi^2（8）		203.79	
Prob>chi^2		0.000 0	

注：*、**、*** 分别代表通过了 10%、5%、1% 水平的显著性检验，括号内的数字为系数的标准误。

表 13-3 资本禀赋不同维度与政府支持对农户水土保持技术采用决策的影响

变量	技术认知	采用决策	边际效应
人力资本	−0.301 9 ** (0.134 5)	−0.023 2 (0.182 6)	−0.105 6 ** (0.048 5)
物质资本	−0.161 0 (0.141 5)	0.547 4 ** (0.216 5)	−0.010 8 (0.053 5)
自然资本	0.643 3 *** (0.209 2)	1.532 4 *** (0.428 5)	0.345 4 *** (0.078 9)
金融资本	0.194 9 (0.163 1)	−0.624 4 *** (0.205 2)	0.016 2 (0.060 8)
社会资本	0.354 3 *** (0.109 5)	−0.025 3 (0.139 9)	0.119 6 *** (0.039 7)
政府支持	0.427 5 *** (0.119 3)	1.718 4 *** (0.179 1)	0.286 4 *** (0.451 9)
生态补偿政策认知	0.247 4 *** (0.070 9)	0.098 9 (0.098 5)	0.092 9 *** (0.025 7)
生态认知	0.044 3 (0.036 6)	0.085 0 * (0.050 0)	0.021 8 (0.013 6)
Cons	−1.410 3 *** (0.320 4)	−1.343 0 ** (0.549 6)	
athrho	0.110 1	Prob$>chi^2$=0.000 3	
Log likelihood		−1 048.884 4	
LR chi^2 (16)		217.42	
Prob$>chi^2$		0.000 0	

注：*、**、*** 分别代表通过了 10%、5%、1% 水平的显著性检验，括号内的数字为系数的标准误。

表 13-4 资本禀赋与政府支持对农户水土保持技术采用决策的影响

变量	技术认知	采用决策	边际效应
受教育程度	−0.030 5 (0.044 2)	−0.035 3 (0.060 4)	−0.012 5 (0.016 1)
是否兼业	−0.065 1 (0.084 7)	0.021 0 (0.116 7)	−0.022 3 (0.031 1)
劳动力数量	−0.068 0 ** (0.027 7)	0.017 5 (0.045 1)	−0.023 4 ** (0.009 9)
住房类型	−0.052 1 * (0.030 1)	0.073 3 (0.044 6)	−0.015 2 (0.011 0)
农用机械数量	0.033 9 (0.076 5)	0.439 3 *** (0.109 6)	0.032 5 (0.028 6)
工具种类	−0.045 1 (0.059 9)	0.067 4 (0.082 9)	−0.012 9 (0.022 3)
耕地面积	0.017 1 *** (0.004 6)	0.009 7 (0.007 2)	0.006 5 *** (0.001 7)
林地面积	0.004 1 (0.007 2)	0.181 7 *** (0.042 1)	0.009 9 *** (0.002 9)
年总收入	0.036 9 (0.038 9)	−0.189 5 *** (0.051 0)	0.004 4 (0.014 5)
是否借贷	0.067 7 (0.093 5)	0.100 6 (0.131 7)	0.028 6 (0.034 2)
是否是村干部	0.047 4 (0.110 7)	−0.251 5 (0.154 8)	0.002 9 (0.039 8)

（续）

变量	技术认知	采用决策	边际效应
来往人数	−0.005 3（0.042 9）	−0.059 3（0.062 7）	−0.004 6（0.015 8）
相互信任	0.172 3***（0.043 1）	0.111 7**（0.053 9）	0.066 8***（0.015 7）
相互帮助	0.033 1（0.045 3）	0.008 4（0.061 3）	0.012 2（0.016 6）
政府支持	0.483 4***（0.119 4）	1.603 9***（0.188 1）	0.246 9**（0.047 3）
生态补偿政策认知	0.229 9***（0.072 4）	0.031 0（0.102 6）	0.083 5***（0.026 3）
生态认知	0.038 18（0.037 9）	0.078 6（0.052 3）	0.017 2（0.014 0）
Cons	−1.283 1***（0.332 8）	−0.420 8（0.462 1）	
athrho	0.118 6	Prob>chi^2＝0.094 4	
Log likelihood		−1 009.151 5	
LR chi^2（34）		273.37	
Prob>chi^2		0.000 0	

注：＊、＊＊、＊＊＊分别代表通过了10%、5%、1%水平的显著性检验，括号内的数字为系数的标准误。

（一）资本禀赋对农户水土保持技术采用决策的影响

表13-2表明，资本禀赋总指数对水土保持技术认知通过了5%的正向显著性检验。说明农户资本禀赋越丰富，其对水土保持技术的认知程度越高。资本禀赋总指数的边际效应0.043 2通过了5%的显著性检验，表示资本禀赋每增加1个单位，农户对水土保持技术有一定程度认知的概率将增加4.32%。表13-3表明，人力资本对水土保持技术认知通过了5%的负向显著性检验。说明人力资本越丰富，其对水土保持技术的认知程度越低。人力资本的边际效应−0.105 6通过了5%的显著性检验，表示人力资本禀赋每增加1个单位，农户对水土保持技术有一定程度认知的概率将降低10.56%。这主要是因为农户的决策基于收入最大化和风险最小化目标所进行，家庭中受教育程度较高的劳动力由于人力资本较高，通常更容易找到非农工作，外出从事非农工作的概率越大，家庭中受教育程度较低的劳动力由于人力资本不高，通常不容易找到非农工作，一般从事农业生产（刘志飞，2015），从而影响了农户水土保持技术认知。

物质资本对水土保持技术采用决策通过了 5％ 的正向显著性检验。物质资本禀赋显著正向影响农户水土保持技术采用决策。说明物质资本是否丰富严重影响农户水土保持技术采用决策（刘志飞，2015）。一般来说，物质资本禀赋水平越高的农户，农户拥有的农业生产工具越多，越会促进农户水土保持技术采用。假设 H13 - 4 得到验证。

自然资本对水土保持技术认知和采用决策都通过了 1％ 的正向显著性检验。自然资本禀赋对农户水土保持技术认知和采用决策具有正向影响。说明自然资本越丰富，对于水土保持技术的认知程度越高，对水土保持技术采用决策概率越高。自然资本的边际效应通过了 1％ 的正向显著性检验，0.345 4 表示，自然资本每增加 1 个单位，农户对水土保持技术采用决策的概率将提高 34.54％。可见，自然资本对农户水土保持技术采用决策具有重要的作用。假设 H13 - 2 得到验证。

金融资本对水土保持技术采用决策通过了 1％ 的负向显著性检验。说明金融资本越丰富，农户水土保持技术采用概率越低。由于表 13 - 4 中金融资本中年总收入对采用决策具有负向显著影响，因此，可能的解释是，这里金融资本高的农户可能更多地从事非农就业，务农机会成本高，更多地依赖非农收入，精力主要用在非农工作，对农业生产不重视，很少时间用在农业生产，可能会抑制农户采纳水土保持技术。

社会资本对水土保持技术认知通过了 1％ 的正向显著性检验。说明社会资本越丰富，其对水土保持技术的认知程度越高。社会资本的边际效应通过了 1％ 的显著性检验，0.119 6 表示，社会资本禀赋每增加 1 个单位，农户对水土保持技术有一定程度认知的概率将提高 11.96％。社会资本越丰富对水土保持技术认知越充分。

表 13 - 4 表明，人力资本中劳动力数量对水土保持技术认知通过了 5％ 的负向显著性检验。可能的解释是，家庭劳动力数量越多，外出就业的可能性越大，会影响到农业的劳动力投入，导致其对水土保持技术的认知程度不高。劳动力数量的边际效应通过了 5％ 的显著性检验，－0.023 4 表示，家庭劳动力数量每增加 1 个，农户对水土保持技术有一定程度认知的概率将降低 2.34％。物质资本中住房类型对农户水土保持技术认知通过了 10％ 的负向显著性检验。说明住房类型越差，其对水土保持技术的认知程度越

低，即住房类型越好，其对水土保持技术的认知程度越高。在一定程度上，住房类型可以反映农户生活水平，生活水平越高，对生活质量和生态环境要求越高（张童朝等，2017），会对水土保持技术有更充分的认知。农用机械数量对水土保持技术采用决策通过了 1% 的正向显著性检验，农户农用机械数量越多，说明农户更加重视农业生产，更容易采纳水土保持技术。

自然资本中耕地面积对水土保持技术认知通过了 1% 的正向显著性检验，耕地面积越大说明农户更加依赖农业生产，对于水土保持技术的认知程度越高。耕地面积的边际效应通过了 1% 的显著性检验，0.006 5 表示，耕地面积每增加 1 亩，农户对水土保持技术有一定程度认知概率将增加 0.65%。林地面积对水土保持技术采用决策通过了 1% 的正向显著性检验。林地面积边际效应通过了 1% 的显著性检验，0.009 9 表示，林地面积每增加 1 亩，农户对水土保持技术采用的概率将增加 0.99%。农户林地面积越大，其规模经济效应越明显，采用水土保持技术的单位成本越小，因此越会采用水土保持技术（毕茜等，2014）。

金融资本中年总收入对水土保持技术采用决策通过了 1% 的负向显著影响。可能的解释是，随着城镇化的发展，农户兼业化程度高，农户家庭的主要收入来源于非农行业，因此对农业生产没有特别重视，会影响到其对水土保持技术的采用。家庭总收入在 <1 万元、1 万~3 万元、3 万~5 万元、5 万~10 万元、>10 万元的农户中，采纳水土保持技术的人所占比例分别为 89.96%、91.25%、82.97%、78.35%、83.33%，大体呈下降趋势。社会资本中相互信任对农户水土保持技术认知和采用决策分别通过了 1% 和 5% 的正向显著性检验。表明农户之间越相互信任，能够提高农户的水土保持技术认知和采用决策。相互信任等级从 1~5 的农户中，对水土保持技术有认知的人所占比例分别为 47.06%、47.37%、47.35%、72.30%、70.68%，水土保持技术采用的人所占比例分别为 79.41%、75.79%、84.09%、87.17%、92.37%，大体呈上升趋势。边际效应的估计结果显示，相互信任的比例每增加 1 个百分点，农户对水土保持技术有一定程度认知并采用的概率要增加 6.68%。社会资本禀赋越丰富的农户往往社会网络越丰富，信息获取渠道更通畅，因此技术认知和采用概率越高。

（二）政府支持对农户水土保持技术采用决策的影响

表 13-2，13-3，13-4 中政府支持对水土保持技术认知和采用决策都通过了 1％的正向显著检验。假设 H13-6 得到验证。说明，政府支持程度越高，农户对水土保持技术的认知越高，更能认识到水土保护的重要性和紧迫性，增强土地保护的积极性，越会采用水土保持技术。表 13-2 边际效应的估计结果显示，政府支持程度的比例每增加 1 个百分点，农户对水土保持技术有一定程度认知并采用的可能性将增加 32.99％。可见政府支持对农户水土保持技术采用决策具有重要的影响。

（三）其他变量对农户水土保持技术采用决策的影响

表 13-2 表明，生态认知对水土保持技术认知和采用决策分别通过了 5％和 1％的正向显著检验。这说明，当农户感知水土流失越严重危害越大，能够了解水土流失对生态环境造成的破坏，会促进农户对水土保持技术的认知和了解，当农户认为当地水土流失越严重，其越会采用水土保持技术来减少水土流失对其造成的不利影响。水土流失严重程度从 1～5 的农户中，对水土保持技术有认知的人所占比例分别为 49.67％、61.54％、68.51％、72.97％、77.5％，大体呈上升趋势。采用水土保持技术的人所占比例分别为 68.82％、92％、84.54％、86.47％、94.12％，呈依次递增趋势。边际效应的估计结果显示，对生态认知程度每提升 1 个层次，农户对水土保持技术有一定程度认知并采用的可能性将增加 3.65％。生态补偿政策认知对水土保持技术认知和采用行为分别通过了 1％和 10％的正向显著检验。说明，农户对生态补偿越了解，农户对水土保持技术的认知越高，越会采用水土保持技术。表 13-2 边际效应的估计结果显示，生态补偿政策认知的比例每增加 1 个百分点，农户对水土保持技术有一定程度认知并采用的可能性将增加 12.28％。

五、政府支持对资本禀赋与农户水土保持技术采用决策的调节效应

当调节变量是类别变量、自变量是连续变量时，通过分组回归分析做调

节变量的调节效应（温忠麟等，2005）。需要说明的是，本章对政府支持变量各个维度的值进行加权平均法计算综合得分，根据平均得分判断政府支持程度。政府支持得分值大于政府支持程度平均值的分为一组，表示政府支持高组，赋值为1，将政府支持得分值小于政府支持平均值的分为一组，表示政府支持低组，赋值为0（0＝低政府支持，1＝高政府支持）。通过 Stata14.0 软件运用二元 Logit 模型进行回归，检验资本禀赋、政府支持对农户水土保持技术采用决策的主效应和调节效应，在高组和低组中分别将资本禀赋对农户水土保持技术采用决策的影响效应进行回归，对高组和低组五大资本的回归系数的显著性进行对比，以此来考察政府支持的调节作用（张郁，2019），政府支持对资本禀赋与农户水土保持技术采用决策的调节效应估计结果（表 13-5）。

表 13-5　政府支持对资本禀赋与农户水土保持技术采用决策的调节效应

变量	政府支持高组	政府支持低组
人力资本	0.209 5（0.682 2）	−0.180 8（0.368 3）
物质资本	0.953 7**（0.420 2）	0.590 2（0.689 4）
自然资本	4.811 1***（1.526 8）	3.018 9***（0.835 9）
金融资本	−1.405 9*（0.773 7）	−1.082 2**（0.465 9）
社会资本	−0.320 6（0.463 3）	0.405 8（0.316 7）
生态认知	0.242 1**（0.100 9）	0.049 8（0.182 1）
Cons	0.058 5（1.518 3）	−2.411 5***（0.888 1）
样本数量	683	469
Log likelihood	−116.434 65	−252.889 69
LR chi^2（6）	19.44	40.06
Prob＞chi^2	0.003 5	0.000 0
Pseudo R^2	0.077 0	0.073 4

注：*、** 和 *** 分别代表通过了 10%、5% 和 1% 水平的显著性检验，括号内的数字为系数的标准误。

通过表 13-5，对比高组和低组的数据表明，物质资本、自然资本对农户水土保持技术采用决策的影响系数和显著性高组都大于低组，说明政府支持具有正向调节作用。在政府支持高组中金融资本的显著性低于政府支持低组，可见政府支持减缓了金融资本对采用决策的负向影响，因此政府支持具有正向调节效应。假设 H13 - 7 得到验证。当物质资本、自然资本和金融资本一样的情况下，政府支持程度高的农户采用水土保持技术的概率大于政府支持程度低的农户采用水土保持技术的概率。政府宣传和推广能够加深农户对水土保持技术的了解程度，具有较高的认知程度，政府投资和政府补偿能够降低农户采用技术的成本，会影响农户采用的积极性。对比高组和低组的数据表明，生态认知对农户水土保持技术采用决策的影响系数和显著性高组大于低组，说明政府支持具有正向调节效应。当生态认知一样的情况下，政府支持程度高的农户采用水土保持技术的概率大于政府支持程度低的农户采用水土保持技术的概率。农户对当地水土流失的感知程度越高，认识到采用水土保持技术会改善生态环境，但是采用会需要相应的成本投入，可能会影响农户采用的积极性，这时对采用者进行生态补偿，会促进农户采用水土保持技术。

本篇小结：本篇利用 2016 年黄土高原地区陕西、甘肃和宁夏的 1 152 户农户调查数据，采用双变量 Probit 模型实证分析并揭示资本禀赋与政府支持对农户水土保持技术采用决策的影响，并考察了政府支持的调节效应以及技术认知的中介效应。得到以下结论。

（1）农户对水土保持技术的认知及其采用决策之间存在一定的互补效应，即农户对水土保持技术的认知对其采用决策具有积极影响。即在资本禀赋与政府支持影响农户水土保持技术采用决策中技术认知具有中介效应。

（2）物质资本禀赋对农户水土保持技术采用决策具有正向显著性影响。自然资本禀赋对农户水土保持技术采用决策具有正向显著影响。金融资本禀赋对农户水土保持技术采用决策具有负向显著影响。物质资本禀赋中农用机械数量、自然资本禀赋中林地面积、社会资本禀赋中相互信任对农户水土保持技术采用决策具有正向显著影响。金融资本禀赋中年总收入对农户水土保持技术采用决策具有负向显著影响。

（3）政府支持对农户水土保持技术采用决策具有正向影响。政府支持对物质资本禀赋、自然资本禀赋和金融资本禀赋影响农户水土保持技术采用决策中具有正向调节效应。

（4）生态认知、生态补偿政策认知对农户水土保持技术采用决策具有正向影响。政府支持对生态认知影响农户水土保持技术采用决策中具有正向调节效应。

第七篇

资本禀赋、政府支持对农户水土保持技术实际采用的影响

第十四章 资本禀赋、政府支持
对农户水土保持技术
实际采用的影响

在上一篇中，我们分析了资本禀赋与政府支持对农户水土保持技术采用决策的影响，在农户做出采用水土保持技术的决策之后，面临着采用何种水土保持技术以及采用几种水土保持技术的问题，即水土保持技术选择和采用程度，因此，本篇侧重点聚焦于农户水土保持技术选择和采用程度方面。基于实地调查数据，运用二元 Logistic 模型探析资本禀赋、政府支持对农户水土保持技术选择行为的影响作用。运用 Hechman 模型探析资本禀赋、政府支持对农户水土保持技术采用程度的影响作用并且分析政府支持对资本禀赋与水土保持技术实际采用的调节效应。

一、问题的提出

水土保持技术是由多项子技术构成的技术包，包括工程技术、生物技术和耕作技术，以往文献大多是以特定的某项技术或措施为例，分析农户的水土保持技术采用行为，现有研究主要集中在农户是否采用，缺乏对该技术的采用程度的研究。但水土保持是一项系统工程，需要多种技术组合采用，仅仅分析农户对某项技术的采用意愿和采纳行为，不能全面地反映农户的行为决策过程（杨志海，2015）。而且，水土保持技术包括工程技术、生物技术、耕作技术，不同水土保持技术的属性和特征不同，农户的资本禀赋具有异质性，因此面对不同属性和特点的水土保持技术，表现出不同的采纳决策（杨志海，2015）。农户会选择不同的技术进行采纳，涉及技术的选择和采用程度问题，那么资本禀赋和政府支持对农户水土保持技术选择和采用程度具有怎样的影响，两者具有何种关联关系，本篇尝试解答这个问题。

二、理论分析与研究假设

水土保持技术包括工程技术、生物技术、耕作技术，每种技术的属性不同，不同水土保持技术的属性和特征不同，像工程类水土保持技术需要农户投入大量的资金和劳动力，耕作类水土保持技术需要农户投入大量机械和资金，生物类水土保持技术需要农户投入大量的劳动力。农户的资本禀赋具有异质性，因此面对不同属性和特点的水土保持技术，表现出不同的采纳决策（杨志海，2015）。因此，做出如下研究假设。

H14-1：资本禀赋对农户水土保持技术选择行为具有异质性。

关于农户水土保持技术采用程度。人力资本的影响。一方面，劳动力数量、受教育程度和兼业情况会促进农户水土保持技术采用程度。另一方面，文化程度高的农户更容易找到非农工作，从事非农工作的概率越大，越会抑制农户水土保持技术采用程度。家庭中劳动力人数越多，生计压力越大，一些劳动力选择外出从事非农工作，放在农业生产上的时间和精力有限，因此会抑制农户水土保持技术采用程度（李然嫣等，2017）。贾蕊等（2018）研究表明中年农户，户主文化程度越高，采用水土保持措施的种类越多。因此，做出如下研究假设。

H14-2：人力资本对农户水土保持技术采用程度影响方向不确定。

自然资本禀赋的影响。农业生产对自然条件的高度依赖性决定了自然资本禀赋有利于农户采用水土保持技术。贾蕊等（2018）研究表明种植面积正向影响农户采用水土保持措施的种类。李卫等（2017）研究表明耕地细碎化负向影响农户保护性耕作技术采用程度。耿宇宁等（2017）研究表明土地细碎化程度负向影响农户绿色防控技术采纳程度。因此，做出如下研究假设。

H14-3：自然资本对农户水土保持技术采用程度具有促进作用。

金融资本禀赋的影响。一方面，当农户的经济状况较好，其经济压力会更小，越可能采用多种水土保持技术。当农户家庭总现金收入不足时，可能需要通过借贷来弥补。另一方面，金融资本高的农户可能更多地从事非农就业，务农机会成本高，更多地依赖非农收入，将更多的精力放在非农工作中，不利于农户水土保持技术采用程度的提高（李莎莎等，2015）。李卫等（2017）利用黄土高原地区陕西、山西两省 476 户农户的调研数据，研究表明整套采用保护性耕作技术体系的农户比例很小，家庭总收入和农业收入占比正向影响农户保护性耕作技术的采用程度。贾蕊等（2018）研究表明农业收入占比正向影响农户采用水土保持措施的种类。耿宇宁等（2017）研究表明农户家庭人均年收入负向影响农户采纳绿色防控技术。因此，做出如下研究假设。

H14-4：金融资本对农户水土保持技术采用程度影响方向不确定。

物质资本禀赋的影响。物质资本越丰富，越会采纳多种具有经济效益和生态效益的水土保持技术。因此，做出如下研究假设。

H14-5：物质资本对农户水土保持技术采用程度具有促进作用。

社会资本禀赋的影响。社会资本能够有效降低农户采用水土保持技术的成本，还可以通过社会网络对水土保持技术进行推广和扩散，因此会促进农户水土保持技术采用程度（田云，2015；刘可等，2019）。李卫等（2017）研究表明农户间的频繁交流、网络学习正向影响农户保护性耕作技术的采用程度。贾蕊等（2018）研究表明集体行动能够促进农户采用多种水土保持措施。耿宇宁等（2017）研究表明社会网络正向影响农户绿色防控技术的采纳程度。因此，做出如下研究假设。

H14-6：社会资本对农户水土保持技术采用程度具有促进作用。

政府支持的影响。政府的宣传、补贴、农技服务等因素影响农户水土保持技术实际采用。李卫等（2017）研究表明补贴正向影响农户保护性耕作技术的采用程度。贾蕊等（2018）研究表明政府补贴与技术推广支持力度越大，采用水土保持措施的种类越多。耿宇宁等（2017）研究表明经济激励对农户绿色防控技术的采纳程度具有正向影响。因此，做出如下研究假设。

H14-7：政府支持对农户水土保持技术采用程度具有促进作用。

政府支持的调节作用。在资本禀赋影响农户决策的关系中，补贴政策具有调节作用（刘滨，2014；张郁等，2015；林丽海等，2017）。因此，做出如下研究假设。

H14-8：政府支持对资本禀赋影响农户水土保持技术实际采用关系中

具有调节效应。

基于以上理论分析，构建资本禀赋、政府支持对农户水土保持技术实际采用影响机理图（图 14-1）。

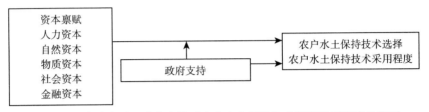

图 14-1 资本禀赋、政府支持对农户水土保持技术实际采用影响机理图

三、变量选择和模型设置

本篇研究所用数据来自课题组于 2016 年 10—11 月在陕西省、甘肃省、宁夏回族自治区进行的实地调研。本次调研共发放问卷 1 200 份问卷，获得有效问卷 1 152 份，样本有效率为 96％。所用样本的具体情况如第三篇所述。

（一）变量选择及描述性统计

1. 因变量

关于水土保持技术选择行为的因变量为农户对工程技术、生物技术和耕作技术的采用情况，分别询问农户是否采用工程技术、生物技术和耕作技术。采用程度模型的因变量是农户采纳了几种水土保持技术。农户是否采用代表着农户采用的积极性，而采用程度代表着技术采纳的效率。

2. 核心自变量

借鉴国内外学者的研究成果，结合水土保持技术的特点，本章自变量为第四篇的农户资本禀赋与政府支持。

3. 其他变量

此外，为避免外界环境对农户水土保持技术实际采用的影响，在水土保持技术实际采用模型中加入农户的生态认知、生态补偿政策认知、技术认知变量。

上述变量的定义、赋值以及描述性统计分析（表 14-1）。从统计结果来看，根据调研汇总，63.63％的样本农户采用了工程类水土保持技术，54.08％的样本农户采用生物类水土保持技术，20.92％的样本农户采用耕作类水土保持技术，可见水土保持技术采用率比较低。45.75％的农户采纳一种，29.34％的农户采纳两种，11.37％的农户采纳三种，13.54％的样本农户一种没有采纳。

表 14-1　变量描述性统计

变量	定义和赋值	最小值	最大值	均值	标准误
因变量					
工程类技术	是否采用？是=1，否=0	0	1	0.64	0.48
生物类技术	是否采用？是=1，否=0	0	1	0.54	0.49
耕作类技术	是否采用？是=1，否=0	0	1	0.21	0.41
是否采纳	是否采纳？是=1，否=0	0	1	0.86	0.34
采纳程度	采纳数量（0、1、2、3）	0	3	1.38	0.86
解释变量					
资本禀赋	根据熵值法测度	3.461 1	9.040 8	5.666 3	0.882 0
人力资本	根据熵值法测度	0.515 6	0.245 6	1.215 4	0.316 1
受教育程度	文盲=1，小学=2，初中=3，高中或中专=4，大专及以上=5	1	5	2.440 9	0.952 4
是否兼业	1=是，0=否	0	1	0.424 5	0.494 4
劳动力数量	家庭劳动力数量	0	12	2.999 1	1.484 6
自然资本	根据熵值法测度	0.539 4	3.123 2	0.805 5	0.279 8
耕地面积	农户所经营的耕地面积，单位：亩	0	64	11.014 0	10.950 3
林地面积	农户所经营的林地面积，单位：亩	0	60	3.472 0	6.392 3
物质资本	根据熵值法测度	0.639 1	2.522 3	1.213 9	0.282 9
住房类型	1=混凝土，2=砖瓦，3=砖木，4=土木，5=石窑	1	5	2.849 8	1.369 6
农用机械数量	家庭农用机械数量	0	3	0.440 1	0.554 4
工具种类	家庭交通工具数量（个）	0	3	0.969 6	0.731 5
金融资本	根据熵值法测度	0.475 7	3.163 9	0.808 9	0.265 7
总收入	1=1万及以下，2=1万～3万，3=3万～5万，4=5万～10万，5=10万及以上	1	5	2.540 8	1.159 7

（续）

变量	定义和赋值	最小值	最大值	均值	标准误
借贷	是否借贷：是＝1，否＝0	0	1	0.314 2	0.464 4
社会资本	根据熵值法测度	0.654 5	2.838 2	1.622 5	0.406 6
村干部	家庭是否有村干部？1是，0否	0	1	0.175 3	0.380 4
来往人数	0～20＝1，20～50＝2，50～100＝3，＞100＝4	1	4	2.033 8	0.988 1
相互信任	1＝没有，2＝很少，3＝一般，4＝较多，5＝很多	1	5	3.717 0	0.988 9
相互帮助	没有＝1，很少＝2，一般＝3，较多＝4，很多＝5	1	5	3.836 8	0.873 1
政府支持	根据政府宣传、推广、组织、投资、补贴计算加权平均值	0	1	0.555 4	0.363 2
生态补偿政策认知	根据生态补偿政策了解度、生态补偿政策满意度、生态补偿政策受惠度计算平均值	1	5	3.010 1	0.674 2
生态认知	几乎不发生＝1，不太严重＝2，一般＝3，比较严重＝4，非常严重＝5	1	5	2.566 8	1.123 5

（二）模型构建

1. 农户水土保持技术选择模型

农户选择采用水土保持工程技术，"采用"取值为1，"不采用"取值为0，农户选择采用水土保持生物技术，"采用"取值为1，"不采用"取值为0，农户选择采用水土保持耕作技术，"采用"取值为1，"不采用"取值为0，因此用二元Logistic模型分别分析资本禀赋和政府支持等因素对农户水土保持工程技术、生物技术、耕作技术采纳的影响。

Binary Logit模型的一般形式为：

$$P(Y_i=1|X_i)=1/1+e^{-(\alpha+\beta X_i)} \tag{14-1}$$

将选择水土保持技术行为的条件概率标为 $P(Y_i=1|X_i)=P_i$，我们就可以得到以下Logistic回归模型，则可得：

$$P_i=1/1+e^{-(\alpha+\beta X_i)}=e^{(\alpha+\beta X_i)}/1+e^{(\alpha+\beta X_i)} \tag{14-2}$$

将没有选择水土保持技术的条件概率为：

$$1-P_i=1+e^{(\alpha+\beta X_i)} \tag{14-3}$$

那么，两种概率之比为：

$$P_i/1-P_i=e^{(\alpha+\beta X_i)} \tag{14-4}$$

在 Logistic 回归模型，公式（14-4）表示事件发生的机会概率，对其取自然对数，然后得到回归模型：

$$\ln(P_i/1-P_i)=\alpha+\beta X_i \tag{14-5}$$

2. 农户水土保持技术采用程度模型

农户首先决定是否采纳水土保持技术，也就是是否采纳问题，然后再决定采纳水土保持技术之后，决定采纳哪几种水土保持技术组合，也就是采纳程度问题（李卫等，2017）。如果没有第一阶段的决策，就没有后面的决策，只有当第一阶段农户采纳了水土保持技术，才会涉及后面的采纳几种即采纳程度的问题（李卫等，2017）。因此，农户水土保持技术采用行为具有样本选择偏误（李卫等，2017），这里需要运用 Heckman 样本选择模型来解决样本选择偏误问题，来分析资本禀赋和政府支持对农户水土保持技术采用行为的影响。其模型如下：

$$y_{1i}=X_{1i}\,\alpha+\mu_{1i}$$

$$y_{1i}=\begin{cases}1, & \text{当 } y_{1i}^*>0 \text{ 时}\\ 0 & \text{当 } y_{1i}^*\leqslant 0 \text{ 时}\end{cases} \tag{14-6}$$

$$y_{2i}=X_{2i}\beta+\mu_{2i}$$

$$y_{2i}=\begin{cases}c, & \text{当 } y_{1i}=1 \text{ 时}\\ 0 & \text{当 } y_{1i}=0 \text{ 时}\end{cases} \tag{14-7}$$

式（14-6）代表选择方程，式（14-7）代表结果方程。y_{1i}是被解释变量，代表农户是否采用水土保持技术，y_{2i}是被解释变量，代表农户水土保持技术采用程度；其选择机制为，当且仅当 $y_{1i}^*>0$ 时，y_{2i} 才能被观测到。式（14-6）与式（14-7）中，y_{1i}^* 表示不可观测的潜变量；c 代表农户水土保持技术采用程度；X_{1i} 表示影响农户水土保持技术是否采用的自变量，X_{2i} 表示影响农户水土保持技术采用程度的自变量；α、β 表示待估参数；μ_{1i}，μ_{2i} 表示服从正态分布的残差项；i 表示第 i 个样本农户。

农户水土保持技术采用程度的条件期望为：

$$
\begin{aligned}
E(y_{2i} \mid y_{2i}=c) &= E(y_{2i} \mid y_{1i}^{*}>0) \\
&= E(X_{2i}\beta+\mu_{2i} \mid X_{1i}\alpha+\mu_{1i}>0) \\
&= E(X_{2i}\beta+\mu_{2i} \mid \mu_{1i}>-X_{1i}\alpha) \\
&= X_{2i}\beta+E(\mu_{2i} \mid \mu_{1i}>-X_{1i}\alpha) \\
&= X_{2i}\beta+\rho\sigma\mu_2\lambda(-X_{1i}\alpha)
\end{aligned}
\qquad (14-8)
$$

（14-8）式中，$\lambda(\cdot)$ 表示反米尔斯比率函数。ρ 表示标准差，反映 y_1 与 y_2 的相关系数；$\rho\neq0$，说明 y_2 受到 y_1 的选择过程的影响，表示存在样本选择偏误。$\rho=0$，表示 y_2 不会受到 y_1 的选择过程的影响；本章使用最大似然估计法（MLE）对此模型进行估计。

四、资本禀赋、政府支持对农户水土保持技术选择影响的实证分析

（一）资本禀赋、政府支持对农户采用水土保持工程技术影响结果分析

通过 Stata14.0 软件，用二元 Logistic 模型对农户采用工程类技术行为进行估计，检验结果见表 14-2。在实证分析时，模型Ⅰ主要是探究资本禀赋总指数、政府支持对农户水土保持工程技术采用的影响，模型Ⅱ主要是探究资本禀赋五大资本、政府支持对农户水土保持工程技术采用的影响，模型Ⅲ主要是探究资本禀赋各个具体变量与政府支持对农户水土保持工程技术采用的影响。

1. 资本禀赋对农户采用水土保持工程技术的影响

从表 14-2 的模型Ⅰ回归结果可以看出，资本禀赋总指数对农户采用水土保持工程技术的回归系数为 0.407 8，通过了 1% 显著性检验，表明资本禀赋对水土保持工程技术的采用具有正向促进作用，即资本禀赋越丰富，采用工程技术的概率越大。

自然资本对农户采用水土保持工程技术通过 1% 显著性检验，且回归系数为 3.940 9，表明自然资本对水土保持工程技术的采用具有正向促进作用，即自然资本禀赋越丰富，采用工程技术的概率越大。而其他资本对农户水土保持工程技术采用行为的影响不显著，说明在水土保持工程技术采用方面，

农户的自然资本具有非常重要的促进作用。具体来讲，人力资本中是否兼业对农户采用水土保持工程技术通过10％显著性检验，且回归系数为-0.266 4，表明兼业对水土保持工程技术的采用具有负向作用。兼业农户可能将重心放在非农就业上，主要依赖非农就业，对农业生产不够重视，因此采用水土保持工程技术的积极性不高。物质资本中农用机械数量对农户采用水土保持工程技术通过5％的显著性检验，且回归系数为0.344 5，表明农用机械数量对水土保持工程技术的采用具有正向促进作用，即农用机械数量越多，采用工程技术的概率越高。农用机械数量多代表农户对农业生产的重视，因此更会采用水土保持工程技术。自然资本中耕地面积对农户采用水土保持工程技术通过1％的显著性检验，且回归系数为0.109 9，表明耕地面积对水土保持工程技术的采用具有正向促进作用，即耕地面积越大，采用工程技术的概率越高。目前，耕地面积多代表农户对农业生产的重视，农户对水土流失变化更为敏感，为了规避水土流失对其造成损失，农户更倾向于采用水土保持工程技术，耕地面积越大，采纳水土保持技术越具有规模效应。金融资本中年总收入对农户采用水土保持工程技术通过1％的显著性检验，且回归系数为-0.191 2，表明年总收入对水土保持工程技术的采用具有负向作用，即家庭年总收入越高，采用工程技术的概率越低。总收入越高说明农户可能主要从事非农就业，将重心放在非农就业上，主要依赖非农就业，对农业生产不够重视，因此采用水土保持工程技术的积极性不高。是否借贷对农户采用水土保持工程技术通过1％的显著性检验，且回归系数为0.052 57，表明是否借贷对水土保持工程技术的采用具有正向促进作用，即农户借贷，采用工程技术的概率较高。主要是因为农户采用工程技术，需要投入额外的劳动成本与资金，因此，当农户自有资金不够的时候，会通过借贷来采用水土保持工程技术应对水土流失。社会资本中相互信任对农户采用水土保持工程技术通过1％的正向显著性检验，相互信任对水土保持工程技术的采用具有正向促进作用，即相互信任程度越高，采用工程技术的概率越高。主要是因为水土保持工程技术具有很强的外部性，要使其能够起到作用，需要农户的集体行动，这就要求农户应当互相信任、互相合作，因此，与周围人信任程度越高，农户采用水土保持工程技术的积极性越高。

2. 政府支持对农户采用水土保持工程技术的影响

政府支持对农户采用水土保持工程技术通过5%的显著性检验，且回归系数为正，表明政府支持对水土保持工程技术的采用具有正向促进作用，即政府支持程度越高，农户采用工程技术的概率越高。主要是因为水土保持工程技术具有很强的外部性，要使其能够起到作用，这就要求政府进行支持，因此，政府支持程度越高，农户采用水土保持工程技术的积极性越高。说明，政府对水土保持技术进行宣传、推广、组织、投资、补偿等支持政策时，可以促进农户采用水土保持技术。对于工程类技术而言，可能需要农户进行大量的资金投入，政府补贴可以帮助农户分担一部分采用技术的成本，促使农户采用（黄晓慧等，2019）。

3. 其他变量的影响

生态认知通过1%的显著性检验，且回归系数为正，表明生态认知对水土保持工程技术的采用具有正向促进作用，即生态认知越高，采用工程技术的概率越高。表14-2表明，农户对当地水土流失的状况的评价影响着其治理行为，主要是因为水土流失越严重，对农业生产造成影响越严重，为了降低水土流失的风险，农户会积极采用水土保持工程技术应对。技术认知对农户采用水土保持工程技术通过1%的显著性检验，且回归系数为正，表明技术认知对水土保持工程技术的采用具有正向促进作用，即技术认知越高，采用工程技术的概率越高。主要是因为农户对水土保持技术越了解，对其价值认知更深刻，认为水土保持价值越高，越会采用工程技术。生态补偿政策认知对农户采用水土保持工程技术通过1%的显著性检验，且回归系数为正，表明生态补偿政策认知能够促进农户采用水土保持工程技术。

表14-2 资本禀赋、政府支持对农户水土保持工程技术采用的影响

变量	模型Ⅰ	模型Ⅱ	模型Ⅲ
资本禀赋	0.407 8*** (0.082 4)		
人力资本		0.040 2 (0.234 4)	
受教育程度			−0.037 1 (0.079 0)
是否兼业			−0.266 4* (0.151 2)
劳动力数量			0.002 8 (0.051 6)
物质资本		0.151 1 (0.245 7)	

（续）

变量	模型Ⅰ	模型Ⅱ	模型Ⅲ
住房类型			−0.040 1（0.052 5）
农用机械数量			0.344 5**（0.142 0）
工具种类			0.031 1（0.102 5）
自然资本		3.940 9***（0.486 7）	
耕地面积			0.109 9***（0.012 5）
林地面积			0.023 3（0.016 0）
金融资本		0.316 7（0.281 6）	
年总收入			−0.191 2***（0.068 7）
是否借贷			0.052 57***（0.176 2）
社会资本		0.135 4（0.186 3）	
是否是村干部			−0.288 3（0.195 4）
来往人数			−0.037 9（0.078 1）
相互信任			0.184 9**（0.077 1）
相互帮助			−0.024 7（0.084 7）
政府支持	0.116 4**（0.049 9）	0.240 4（0.199 61）	0.436 4**（0.214 2）
生态补偿政策认知	0.327 1***（0.115 0）	0.168 3（0.120 9）	0.204 7（0.129 5）
生态认知	0.331 7***（0.062 0）	0.253 6***（0.064 3）	0.187 6***（0.068 7）
技术认知	0.786 4***（0.135 6）	0.692 6***（0.141 1）	0.548 0***（0.149 5）
Cons	−4.245 5***（0.526 7）	−4.786 7***（0.580 7）	−2.299 4***（0.591 6）
Pseudo R^2	0.103 5	0.154 1	0.218 5
Log likelihood	−676.971 51	−638.771 64	−590.175 68
LR chi^2（ ）	156.39	232.79	329.98
Prob>chi^2	0.000 0	0.000 0	0.000 0

注：括号内的数值表示标准误，*** 代表 1% 水平显著，** 代表 5% 水平显著，* 代表 1% 水平显著。

（二）资本禀赋、政府支持对农户采用水土保持生物技术影响结果分析

通过 Stata14.0 软件，用二元 Logistic 模型对农户采用生物类技术行为进行估计，检验结果见表 14 - 3。

表 14-3　资本禀赋、政府支持对农户水土保持生物技术采用的影响

变量	模型Ⅰ	模型Ⅱ	模型Ⅲ
资本禀赋	−0.126 8* (0.076 7)		
人力资本		0.178 6 (0.220 7)	
受教育程度			0.031 6 (0.077 8)
是否兼业			0.088 2 (0.149 9)
劳动力数量			−0.008 2 (0.050 3)
物质资本		0.636 2** (0.235 2)	
住房类型			0.187 4*** (0.054 3)
农用机械数量			0.389 1*** (0.137 8)
工具种类			−0.028 8 (0.103 8)
自然资本		0.285 1 (0.263 5)	
耕地面积			−0.052 2*** (0.008 2)
林地面积			0.188 7*** (0.021 9)
金融资本		−1.047 6*** (0.281 2)	
年总收入			−0.140 3** (0.069 2)
是否借贷			−0.035 1 (0.164 9)
社会资本		−0.278 6 (0.175 8)	
是否是村干部			−0.029 5 (0.197 5)
来往人数			0.002 0 (0.077 7)
相互信任			0.204 6*** (0.076 7)
相互帮助			0.033 18 (0.082 6)
政府支持	1.818 7*** (0.195 2)	1.857 4*** (0.199 9)	1.710 7*** (0.223 4)
生态补偿政策认知	0.587 5*** (0.109 6)	0.578 4*** (0.113 0)	0.603 3*** (0.126 8)
生态认知	0.008 3 (0.052 9)	0.022 7 (0.053 5)	0.020 7 (0.058 5)
Cons	−1.857 2*** (0.461 5)	−2.423*** (0.491 3)	−2.296 0*** (0.560 2)
Pseudo R^2	0.112 8	0.125 2	0.242 1
Log likelihood	−705.066 93	−695.150 53	−602.295 94
LR chi^2 ( )	179.20	199.03	384.74
Prob>chi^2	0.000 0	0.000 0	0.000 0

注：括号内的数值表示标准误，*** 代表1%水平显著，** 代表5%水平显著，* 代表1%水平显著。

　　在实证分析时，模型Ⅰ主要是探究资本禀赋总指数、政府支持对农户采用水土保持生物技术行为的影响，模型Ⅱ主要探究五大资本与政府支持对农户水土保持技术生物技术采用的影响。模型Ⅲ主要探究资本禀赋各个具体变量、政府支持对农户水土保持技术生物技术采用的影响。

1. 资本禀赋对农户采用水土保持生物技术的影响

从表14-3可以看出，资本禀赋总指数对农户采用水土保持生物技术通过10%显著性检验，且回归系数为负，表明资本禀赋对水土保持生物技术的采用具有负向作用，即资本禀赋越丰富，采用生物技术的概率越低，资本禀赋越低，农户采用生物技术概率越高。可能的解释是，资本禀赋不丰富的农户，更期望通过参与退耕还林工程以获取退耕补偿，进行非农就业，以改善其生计状况（张朝辉，2019）。物质资本对农户采用水土保持生物技术通过了5%显著性检验，且回归系数为正，表明物质资本对水土保持生物技术的采用具有正向促进作用，即物质资本禀赋越丰富，采用生物技术的概率越大。可能的解释是，造林种草需要农户投入大量的物质资本，因此，如果物质资本禀赋不丰富，农户造林种草的积极性不高（陈玲等，2014）。金融资本对农户采用水土保持生物技术通过1%显著性检验，且回归系数为负，表明金融资本对水土保持生物技术的采用具有负向作用，即金融资本禀赋越丰富，采用生物技术的概率越低，金融资本禀赋越低，农户采用生物技术的概率越高。金融资本不高的农户，会更积极参与退耕还林工程来获得退耕补偿，进而可以从事非农就业获得非农收入来改善其生计状况（张朝辉，2019）。具体来说，物质资本中农用机械数量对农户采用水土保持生物技术通过了1%的显著性检验，且回归系数为正，表明农用机械数量对水土保持生物技术的采用具有正向促进作用，即农用机械数量越多，采用生物技术的概率越高。农用机械数量多代表林业生产可以节省人力劳动，减少耗时和投入，因此农户采用水土保持生物技术的积极性也越高。住房类型对农户采用水土保持生物技术通过1%的显著性检验，且回归系数为正，表明住房类型对水土保持生物技术的采用具有正向促进作用，即住房类型越差，采用生物技术的概率越高，住房类型代表着农户的生活水平，住房类型越差说明农户总收入可能越低，因此其更期望通过参与退耕还林工程以获取退耕补偿、非农就业或兼业收入（张朝辉，2019）。自然资本中耕地面积对农户采用水土保持生物技术通过1%的显著性检验，且回归系数为负，表明耕地面积对水土保持生物技术的采用具有负向作用，即耕地面积越大，采用生物技术的概率越低。主要是因为，一般情况下，农户耕地面积越大，农业收入是家庭主要收入来源，说明农户更多地依赖于农业，其生计活动更多地依赖土地，因此会不愿意退耕还林和种草。林地面积对农户采用水土保持生物技术通过1%的显著性检验，且回归系数为正，表明林地面积对水土保持生物技术的采用具有正向作用，即林地面积越大，采用生物技术的概率越高。金融资本中年总收入对农户采用水土保持生物技术通过1%的显著性检验，且回归系数为−0.140 3，表明年总收入对水土保持生物技术的采用具有负向作用，即家庭年总收入越高，采用生物技术的概率越低。家庭年总收入越低，农户采用生物技术的概率越高。家庭年总收入不高的农户，会积极退耕还林工程来获得退耕补偿，通过从事非农就业获得非农收入提高其家庭收入（张朝辉，2019）。社会资本中相互信任对农户采用水土保持生物技术通过1%的显著性检验，且回归系数为0.204 6，表明相互信任对水土保持生物技术的采用具有正向促进作用，即相互信任程度越高，采用生物技术的概率越高。主要是因为水土保持生物技术具有很强的外部性，要使其能够起到作用，需要农户的集体行动，这就要求农户应当互相信任、互相合作，因此，与周围人信任程度越高，农户采用水土保持生物技术的积极性越高。

2. 政府支持对农户采用水土保持生物技术的影响

政府支持对农户采用水土保持生物技术通过1%的显著性检验，且回归系数为正，表明政府支持对水土保持生物技术的采用具有正向促进作用，即政府支持程度越高，采用生物技术的概率越高。主要是因为水土保持生物技术具有很强的外部性，要使其能够起到作用，这就要求政府进行支持，因此，政府支持程度越高，农户采用水土保持生物技术的积极性越高。生物类技术主要包括造林、种草等，国家实施退耕还林还草工程，对造林种草的农户进行补偿，农户在权衡各种收益、成本和风险后，认为实施水土保持生物技术有利可图，因此促进了农户造林种草。

3. 其他变量的影响

生态补偿政策认知对农户采用水土保持生物技术通过1%的显著性检验，且回归系数为正，表明生态补偿政策认知能够促进农户采用水土保持生物技术。在生态补偿政策导向明确的前提下，农户充分了解了相关政策和措施，认为实施水土保持生物技术有利可图，其采用积极性会提高。

（三）资本禀赋、政府支持对农户采用水土保持耕作技术影响结果分析

通过 Stata14.0 软件，用二元 Logistic 模型对农户采用耕作类技术行为进行估计，检验结果见表 14-4。模型Ⅰ主要是研究资本禀赋总指数、政府支持对农户水土保持耕作技术采用的影响，模型Ⅱ主要探究五大资本、政府支持对农户水土保持耕作技术采用的影响，模型Ⅲ主要研究资本禀赋各个具体指标、政府支持对农户水土保持耕作技术采用的影响。

1. 资本禀赋的影响

模型Ⅱ、模型Ⅲ显示了资本禀赋各个构成对农户水土保持耕作技术采用行为的影响。自然资本对农户采用水土保持耕作技术通过 1% 显著性检验，且回归系数为 1.269，表明自然资本对水土保持耕作技术的采用具有正向促进作用。金融资本对农户采用水土保持耕作技术通过 1% 显著性检验，且回归系数为 1.250 2，表明金融资本对水土保持耕作技术的采用具有正向促进作用，即金融资本禀赋越丰富，采用耕作技术的概率越大。可能的解释，从金融资本的具体指标中可以看出是否借贷对农户采用水土保持耕作技术具有正向显著影响，主要是因为农户采用耕作技术，需要投入额外的劳动成本与资金，当农户家庭总现金收入不足时，可能需要通过借贷来弥补，因此，这里金融资本禀赋高的农户主要是通过借贷增加的，促进了农户采用水土保持耕作技术。

表 14-4　资本禀赋、政府支持对农户水土保持耕作技术采用的影响

变量	模型Ⅰ	模型Ⅱ	模型Ⅲ
资本禀赋	0.398 4*** （0.088 4）		
人力资本		−0.401 3 （0.267 4）	
受教育程度			0.047 9 （0.088 4）
是否兼业			−0.208 0 （0.171 1）
劳动力数量			−0.048 9 （0.059 1）
物质资本		0.406 9 （0.269 5）	
住房类型			−0.221 1*** （0.070 5）

（续）

变量	模型Ⅰ	模型Ⅱ	模型Ⅲ
农用机械数量			0.644 9*** （0.143 1）
工具种类			−0.010 8 （0.120 5）
自然资本		1.269*** （0.270 9）	
耕地面积			0.041 4*** （0.007 1）
林地面积			−0.007 0 （0.011 5）
金融资本		1.250 2*** （0.303 1）	
年总收入			0.017 0 （0.078 9）
是否借贷			0.644 3*** （0.169 1）
社会资本		0.018 1 （0.202 5）	
是否是村干部			−0.149 4 （0.217 1）
来往人数			0.061 0 （0.083 7）
相互信任			−0.003 3 （0.089 5）
相互帮助			−0.143 2 （0.093 8）
政府支持	0.561 5** （0.227 5）	0.506 9** （0.236 8）	0.679 7** （0.256 0）
生态补偿政策认知	0.323 4*** （0.120 9）	0.282 0** （0.126 8）	0.295 9** （0.135 2）
生态认知	0.246 7*** （0.054 1）	0.234 7*** （0.587 4）	0.238 9*** （0.058 6）
Cons	−5.368 5*** （0.554 0）	−5.039 8*** （0.587 4）	−2.935 3*** （0.636 9）
Pseudo R^2	0.068 9	0.096 3	0.163 5
Log likelihood	−550.164 96	−533.970 95	−494.279 62
LR chi^2 ()	81.38	113.77	193.15
Prob>chi^2	0.000 0	0.000 0	0.000 0

注：括号内的数值表示标准误，*** 代表1%水平显著，** 代表5%水平显著。

具体来讲，物质资本中农用机械数量对农户采用水土保持耕作技术通过1%的显著性检验，且回归系数为0.644 9，表明农用机械数量对水土保持耕作技术的采用具有正向促进作用，即农用机械数量越多，采用耕作技术的概率越高。农用机械数量多代表农户对农业生产的重视，从事农业生产的基础设施越便利，耕作类技术需要一定的农用机械，因此农用机械数量越多，农户采用水土保持耕作技术的积极性也越高。住房类型对农户采用水土保持耕作技术通过1%的显著性检验，且回归系数为负，表明住房类型对水土保持耕作技术的采用具有负向作用，即住房类型越好，采用耕作技术的概率越高，住房类型代表着农户的生活水平，住房类型越好说明农户家庭条件越好，更有可能从事非农工作，因此更希望利用机械代替人工劳动，同时也有能力承担较高的机械作业成本（李卫等，2017）。自然资本中耕地面积对农户采用水土保持耕作技术通过 1% 的显著性检验，且回归系数为 0.041 4，表明耕地面积对水土保持耕作技术的采用具有正向促进作用，即耕地面积越大，采用耕作技术的概率越高。耕地面积多代表农户对农业生产的重视，农户对水土流失变化更为敏感，为了规避水土流失对其造成损失，农户更倾向于采用水土保持耕作技术。金融资本中是否借贷对农户采用水土保持耕作技术通过 1% 的显著性检验，且回归系数为 0.644 3，表明是否借贷对水土保持耕作技术的采用具有正向促进作用，即农户借贷，采用耕作技术的概率较高。主要是因为农户采用耕作技术，需要投入额外的劳动成本与资金，当农户采纳水土保持耕作技术的自有资金不足时，便会通过借贷来弥补。

2. 政府支持的影响

政府支持通过 5% 的正向显著性检验，可见政府支持能够促进农户采用水土保持耕作技术，即政府支持程度越高，采用耕作技术的概率越高。主要是因为水土保持耕作技术的成本往往较高，限制了农户采纳，而补贴能够分担农户采纳水土保持技术的一部分成本，同时可以弥补采用新技术可能给农户带来的"减产"风险，同时能够分担较高的机械作业成本。

3. 其他变量的影响

生态认知通过了 1% 的显著性检验，且回归系数为正，表明生态认知对水土保持耕作技术的采用具有正向促进作用，即生态认知越高，采用耕作技术的概率越高。主要是因为水土流失越严重，对农业生产造成影响越严重，为了降低水土流失的风险，农户会积极采用水土保持耕作技术。生态补偿政策认知通过了 1% 的显著性检验，且回归系数为正，表明生态补偿政策认知能够促进农户采用水土保持耕作技术。

（四）政府支持对资本禀赋与农户水土保持技术选择行为的调节效应

需要说明的是，本书对政府支持变量各个维度的值进行加权平均法计算综合得分，根据平均得分判断政府支持程度。分组标准同上。通过 Stata14.0

软件运用二元 Logistic 模型进行回归，检验资本禀赋、政府支持对农户水土保持技术选择的主效应和调节效应，在高组和低组中分别考察五大资本对农户水土保持技术选择的影响进行回归，对高组和低组五大资本的回归系数的显著性进行对比，以此来考察政府支持的调节作用（张郁，2019），政府支持对资本禀赋与农户水土保持技术选择的调节效应估计结果见表 14-5。

表 14-5　政府支持对资本禀赋与农户水土保持技术选择行为的调节效应

变量	工程技术		生物技术		耕作技术	
	政府支持高组	政府支持低组	政府支持高组	政府支持低组	政府支持高组	政府支持低组
人力资本	0.126 9	−0.198 6	0.747 3**	−0.218 0	−0.540 6	0.174 4
	(0.322 8)	(0.335 1)	(0.373 9)	(0.286 3)	(0.328 6)	(0.471 1)
物质资本	0.215 9	−0.068 0	0.933 8**	0.219 6	0.717 5**	−0.627 1
	(0.323 7)	(0.372 8)	(0.373 9)	(0.289 7)	(0.318 0)	(0.510 0)
自然资本	4.358 9***	4.029 4***	0.651 5**	0.899 6*	1.243 9***	1.238 7**
	(0.624 1)	(0.753 6)	(0.300 8)	(0.544 3)	(0.293 3)	(0.628 2)
金融资本	0.919 1**	−0.213 5	−0.574 1*	−1.816 9***	1.521 3***	0.914 6*
	(0.399 1)	(0.410 7)	(0.347 2)	(0.465 2)	(0.385 1)	(0.485 1)
社会资本	0.642 7**	0.065 6	0.075 9	−0.106 1	0.160 8	0.162 1
	(0.286 2)	(0.231 1)	(0.203 3)	(0.285 1)	(0.225 1)	(0.393 1)
生态认知	0.267 4***	0.241 6***	−0.100 9	−0.047 2	0.326 8***	0.177 5**
	(0.090 0)	(0.090 7)	(0.075 9)	(0.088 8)	(0.117 2)	(0.082 4)
Cons	−4.378 3***	−3.900 8***	0.769 8	−1.632 8**	−4.421 3***	−4.107 5***
	(0.736 8)	(0.823 1)	(0.579 5)	(0.773 2)	(0.666 4)	(1.081 5)
样本数量	683	469	683	469	683	469
Log likelihood	−354.913 82	−292.008 73	−427.344 87	−291.362 53	−354.223 78	−180.676 22
LR chi^2 ( )	123.08	62.91	9.62	24.39	68.90	19.74
Prob$>chi^2$	0.000 0	0.000 0	0.141 7	0.000 4	0.000 0	0.003 1
Pseudo R^2	0.147 8	0.097 2	0.011 1	0.040 2	0.088 6	0.051 8

注：括号内的数值表示标准误，*** 代表 1% 水平显著，** 代表 5% 水平显著，* 代表 1% 水平显著。

通过表 14-5 对比高组和低组的数据表明，自然资本、金融资本、社会资本对农户采用水土保持工程技术的影响系数和显著性高组都大于低组，说明政府支持具有正向调节效应。当自然资本、金融资本、社会资本一样的情况下，政府支持程度高的农户采用水土保持工程技术的概率大于政府支持程度低的农户采用水土保持工程技术的概率。政府宣传和推广能够加深农户对水土保持技术的了解程度，具有较高的认知程度，政府投资和政府补偿能够降低农户采用技术的成本，会影响农户采用的积极性。生态认知对农户采用水土保持工程技术的影响系数和显著性高组都大于低组，说明政府支持具有正向调节效应。当生态认知一样的情况下，政府支持程度高的农户采用水土保持工程技术的概率大于政府支持程度低的农户采用水土保持工程技术的概率。农户对当地水土流失的感知程度越高，认识到采用水土保持技术会改善生态环境，但是采用会需要相应的成本投入，可能会影响农户采用的积极性，这时对采用者进行生态补偿，会促进农户采用水土保持技术。

人力资本、物质资本对农户采用水土保持生物技术的影响系数和显著性高组都大于低组，自然资本对农户采用水土保持生物技术的显著性高组大于低组，金融资本对农户采用水土保持生物技术的显著性和影响系数在高组的抑制作用小于低组，说明政府支持具有正向调节效应。当人力资本、物质资本、自然资本、金融资本一样的情况下，政府支持程度高的农户采用水土保持生物技术的概率大于政府支持程度低的农户采用水土保持生物技术的概率。

物质资本、自然资本、金融资本对农户采用水土保持耕作技术的影响系数和显著性高组都大于低组，说明政府支持具有正向调节效应。当物质资本、自然资本、金融资本一样的情况下，政府支持程度高的农户采用水土保持耕作技术的概率大于政府支持程度低的农户采用水土保持耕作技术的概率。生态认知对农户采用水土保持耕作技术的影响系数和显著性高组都大于低组，说明政府支持具有调节效应。当生态认知一样的情况下，政府支持程度高的农户采用水土保持耕作技术的概率大于政府支持程度低的农户采用水土保持耕作技术的概率。

五、资本禀赋、政府支持对农户水土保持技术采用程度影响的实证分析

（一）资本禀赋、政府支持对农户水土保持技术采用程度影响结果分析

本篇运用 Stata14.0 软件，Heckman 样本选择模型估计公式（14－6）～

（14-8），以此考察资本禀赋、政府支持对农户水土保持技术采用程度的影响，估计结果见表14-6。在实证分析时，用三个模型分别探究资本禀赋及其构成与政府支持对农户水土保持技术采用程度的影响，模型Ⅰ主要是探究资本禀赋总指数、政府支持对农户水土保持技术采用程度的影响，模型Ⅱ主要探究五大资本、政府支持对农户水土保持技术采用程度的影响。模型Ⅲ主要探究资本禀赋各个具体指标变量和政府支持对农户水土保持技术采用程度的影响。从回归结果来看，表14-6中三个模型的－2Log likelihood 值依次减少，表明三个模型的拟合程度不断提高。在三个回归模型中，政府支持和生态认知的回归系数的符号及其显著性具有一致性，可见模型结果稳健性较好。

1. 资本禀赋对农户水土保持技术采用程度的影响

表14-6中模型Ⅰ表明，资本禀赋总指数对农户水土保持采用程度通过了1%显著性检验，回归系数为0.150 4，即资本禀赋越丰富，采纳种类越多。

模型Ⅱ、模型Ⅲ显示了资本禀赋各个构成对农户水土保持技术采用程度的影响。物质资本对农户水土保持技术采用程度通过了5%显著性检验，且回归系数为正，表明物质资本对水土保持技术采用程度具有正向影响，即物质资本禀赋越丰富，农户越会采用多种水土保持技术。假设H14-4得到验证。农用机械数量可以反映农户的物质资本，可见，农户拥有农用机械越多，从事农业生产越便利，因此农户采用水土保持技术的积极性也越高（刘志飞，2015）。自然资本对农户水土保持技术采用程度通过了1%的正向显著性检验，即自然资本禀赋越丰富，农户采用水土保持技术种类越多。假设H14-2得到验证。金融资本对农户水土保持技术采用程度通过1%显著性检验，且回归系数为正，表明金融资本对水土保持技术采用程度具有正向影响，即金融资本禀赋越丰富，农户采用水土保持技术的种类越多。假设H14-3中金融资本对农户水土保持技术采用程度具有正向影响。可能的解释是，从金融资本的具体指标中可以看出是否借贷对农户水土保持技术采用程度具有正向显著影响，说明这里金融资本主要是是否借贷发挥主要作用，当农户家庭总收入无法满足水土保持技术所需要的资金，可能需要通过借贷来弥补，借贷能够增加农户的金融资本，因此，金融资本越丰富，农户水土保持技术采用种类越多。具体来讲，物质资本中农用机械数量对农户水土保持技术采用程度通过了 1% 的显著性检验，且回归系数为 0.190 1，表明农用机械数量对水土保持技术采用程度具有正向促进作用，即农用机械数量越多，农户采用水土保持技术种类越多。农用机械数量多代表农户对农业生产的重视，从事农业生产的基础设施越便利，越会采用多种水土保持技术应对水土流失。自然资本中耕地面积和林地面积都对农户水土保持技术采用程度通过了 1% 的显著性检验，且回归系数为正，表明耕地面积和林地面积对水土保持技术采用程度具有正向促进作用，即耕地面积和林地面积越大，农户采用水土保持技术种类越多。耕地面积和林地面积多代表农户对农业生产的重视，农户对水土流失变化更为敏感，为了规避水土流失对其造成损失，农户会采用多种水土保持技术来防止耕地水土流失，防止农作物产量下降，减少收入。金融资本中是否借贷对农户水土保持技术采用程度通过 1% 的显著性检验，且回归系数为 0.219 1，表明是否借贷能够促进农户采用多种水土保持技术。主要是因为农户采用工程技术和耕作技术，需要投入额外的劳动成本与资金，因此，农户借贷可得性越高，越能够激励农户积极采用多种水土保持技术应对水土流失。社会资本中相互信任对农户水土保持技术采用程度通过了 5% 的显著性检验，且回归系数为 0.065 4，表明相互信任对水土保持技术采用程度具有正向促进作用，即相互信任程度越高，农户采用水土保持技术种类越多。主要是因为水土保持技术具有很强的外部性，要使其能够起到作用，需要农户的集体行动，这就要求农户应当互相信任、互相合作，因此，与周围人信任程度越高，农户采用多种水土保持技术的积极性越高。

2. 政府支持对农户水土保持技术采用程度的影响

政府支持在三个模型中对农户水土保持技术采用程度都通过了 1% 的显著性检验，且回归系数为正，表明政府支持对水土保持技术采用程度具有正向影响，即政府支持程度越高，农户采用水土保持技术种类越多。假设 H14 - 7 得到验证。

3. 其他变量的影响

在采用程度的三个模型中，生态认知通过了 1% 的显著性检验，且回归系数为正，表明生态认知对水土保持技术采用程度具有正向影响，即生态认知越高，采用水土保持技术种类越多。主要是因为当农户认识到当地水土流失越严重，农户耕地受灾面积越大，对农业生产造成影响越严重，为了降低水土流失的风险，农户越可能采用多种水土保持技术进行应对。

表 14-6　农户水土保持技术采用程度模型的估计结果

变量名称	模型Ⅰ		模型Ⅱ		模型Ⅲ	
	是否采用	采用强度	是否采用	采用强度	是否采用	采用强度
资本禀赋	-0.028 9	0.150 4***				
	(0.097 8)	(0.032 2)				
人力资本			0.061 5	-0.134 0		
			(0.313 0)	(0.093 7)		
受教育程度					0.089 2	-0.023 9
					(0.118 6)	(0.028 9)
是否兼业					-0.144 4	0.004 1
					(0.216 6)	(0.055 8)
劳动力数量					0.059 3	-0.019 4
					(0.084 8)	(0.019 2)
物质资本			0.277 5	0.188 3**		
			(0.311 7)	(0.095 0)		
住房类型					-0.059 5	-0.022 5
					(0.079 0)	(0.020 6)
农用机械数量					0.400 7**	0.190 1***
					(0.204 3)	(0.047 6)
工具种类					0.104 8	0.012 6
					(0.155 2)	(0.039 9)
自然资本			1.680 4***	0.521 4***		
			(0.587 3)	(0.090 5)		
耕地面积					0.005 5	0.011 8***
					(0.011 3)	(0.002 4)
林地面积					0.315 7***	0.010 5***
					(0.096 7)	(0.003 8)
金融资本			-0.788 9**	0.393 9***		
			(0.393 9)	(0.116 0)		

（续）

变量名称	模型Ⅰ		模型Ⅱ		模型Ⅲ	
	是否采用	采用强度	是否采用	采用强度	是否采用	采用强度
年总收入					−0.299 4***	−0.010 1
					(0.110 9)	(0.027 1)
是否借贷					0.201 9	0.219 1***
					(0.238 8)	(0.059 5)
社会资本			−0.312 1	−0.030 5		
			(0.231 1)	(0.070 1)		
是否是村干部					−0.110 3	−0.022 4
					(0.255 1)	(0.068 7)
来往人数					−0.201 6*	0.042 5
					(0.104 8)	(0.028 4)
相互信任					0.094 5	0.065 4**
					(0.103 6)	(0.030 2)
相互帮助					−0.024 9	−0.018 7
					(0.122 7)	(0.031 1)
政府支持	0.241 7***	0.138 4***	0.216 4**	0.133 1***	0.167 2	0.127 4***
	(0.084 3)	(0.027 8)	(0.087 7)	(0.026 1)	(0.101 5)	(0.025 9)
生态认知	0.017 4	0.123 7***	0.028 5	0.116 9***	0.203	0.110 1***
	(0.076 2)	(0.022 9)	(0.080 8)	(0.022 4)	(0.090 8)	(0.021 8)
Cons	1.185 8**	0.248 4	0.561 6	0.356 4*	1.331 9*	1.217 0***
	(0.549 8)	(0.184 8)	(0.642 5)	(0.185 7)	(0.762 4)	(0.194 4)
Log likelihood	−819.146 7		−789.439 1		−752.668 4	
Prob>chi^2	0.000 0		0.000 0		0.000 0	

注：括号内的数值表示标准误，*** 代表 1%水平显著，** 代表 5%水平显著，* 代表 1%水平显著。

（二）稳健性检验

为了检验资本禀赋、政府支持对农户水土保持技术采用程度影响的结果的有效性，本章假设农户采用决策和采用程度两阶段是相互独立的，这里分别运用 Probit 模型和 OLS 模型检验两阶段（表 14 - 7、表 14 - 8、表 14 - 9）。

表 14-7　资本禀赋总指数、政府支持对农户水土保持技术采用程度的影响

变量	阶段 I 二元 Probit 模型	阶段 II OLS 模型
资本禀赋	−0.029 9（0.099 3）	0.138 3*** （0.034 1）
政府支持	0.234 9*** （0.082 3）	0.173 8*** （0.027 0）
生态认知	0.013 8（0.075 1）	0.122 7*** （0.024 3）
Cons	1.214** （0.551 6）	0.125 1（0.188 6）
	Log likelihood　−121.541 36	AdjR-squared　0.147 7
	LR *chi*² （3）　9.22**	F（3，679）　40.41***

注：括号内的数值表示标准误，*** 代表1%水平显著，** 代表5%水平显著。

表 14-8　资本禀赋分维度、政府支持对农户水土保持技术采用程度的影响

变量	阶段 I 二元 Probit 模型	阶段 II OLS 模型
人力资本	0.086 4（0.312 7）	−0.122 8（0.098 8）
物质资本	0.245 7（0.316 4）	0.216 6** （0.099 8）
自然资本	1.620 8*** （0.585 7）	0.643 8*** （0.093 9）
金融资本	−0.806 2** （0.391 1）	0.262 4** （0.121 5）
社会资本	−0.305 2（0.232 5）	−0.064 9（0.073 8）
政府支持	0.209 1** （0.087 9）	0.163 1*** （0.026 8）
生态认知	0.029 0（0.079 5）	0.117 9*** （0.023 7）
Cons	0.636 6（0.646 5）	0.191 3（0.192 5）
	Log likelihood　−113.843 08	AdjR-squared　0.201 3
	LR *chi*² （7）　24.62***	F（7，675）　25.56***

注：括号内的数值表示标准误，*** 代表1%水平显著，** 代表5%水平显著。

　　由表 14-7、表 14-8、表 14-9 中 Probit 模型与 OLS 模型的回归结果可知，资本禀赋总指数、政府支持、物质资本、自然资本、金融资本、农用机械数量、耕地面积、林地面积和是否借贷对水土保持技术采用程度都通过了显著性检验，影响方向与表 14-6 一致，说明本章实证分析结果稳健、可靠。

表 14-9　资本禀赋具体指标、政府支持对农户水土保持技术采用程度的影响

变量	阶段 I 二元 Probit 模型	阶段 II OLS 模型
受教育程度	0.094 7 (0.117 3)	−0.017 9 (0.031 2)
是否兼业	−0.130 6 (0.214 5)	−0.011 6 (0.059 7)
劳动力数量	0.062 5 (0.085 0)	−0.008 9 (0.020 5)
住房类型	−0.055 4 (0.078 1)	−0.027 3 (0.021 8)
农用机械数量	0.375 9* (0.195 2)	0.219 9*** (0.050 5)
工具种类	0.104 9 (0.155 6)	0.018 8 (0.042 8)
耕地面积	0.006 5 (0.011 0)	0.011 3*** (0.002 6)
林地面积	0.319 1*** (0.096 4)	0.016 0*** (0.003 8)
年总收入	−0.303 7*** (0.110 2)	−0.044 5 (0.027 3)
是否借贷	0.214 6 (0.236 5)	0.231 4*** (0.063 6)
是否是村干部	−0.113 9 (0.256 4)	−0.032 8 (0.072 7)
来往人数	−0.203 5* (0.104 6)	0.042 5 (0.028 4)
相互信任	0.099 1 (0.103 2)	−0.045 2 (0.031 9)
相互帮助	−0.022 9 (0.122 7)	−0.024 9 (0.033 5)
政府支持	0.161 2 (0.100 1)	0.149 7*** (0.026 7)
生态认知	0.226 8 (0.089 4)	0.111 1*** (0.023 4)
Cons	1.284* (0.750 7)	1.134 1*** (0.204 5)
	Log likelihood　−95.996 7	AdjR-squared　0.233 5
	LR chi^2 (16)　60.31***	F (16，667)　14.85***

注：括号内的数值表示标准误，*** 代表 1% 水平显著，* 代表 1% 水平显著。

（三）政府支持对资本禀赋与水土保持技术采用程度的调节效应检验

本章对政府支持变量各个维度的值进行加权平均法计算综合得分，根据平均得分判断政府支持程度。分组标准同上。通过 Stata14.0 软件进行回归，检验资本禀赋、政府支持对农户水土保持技术采用程度的主效应和调节效应，在高组和低组中分别将资本禀赋对水土保持技术采用程度影响进行回归，对比政府支持高组和低组中五大资本回归系数的大小和显著性来确定政府支持的调节作用，结果见表 14 - 10。

表 14 - 10　政府支持对资本禀赋与农户水土保持技术采用程度的调节效应

变量	政府支持高组	政府支持低组
人力资本	−0.118 6 (0.103 3)	0.137 6 (0.117 9)
物质资本	0.204 7** (0.103 8)	0.138 3 (0.129 6)
自然资本	1.056 3*** (0.191 3)	0.738 2*** (0.097 6)
金融资本	0.341 8*** (0.126 0)	−0.281 6** (0.139 4)
社会资本	0.087 0 (0.073 5)	0.153 7 (0.099 8)
生态认知	0.089 3*** (0.030 8)	0.061 9** (0.027 5)
Cons	0.300 2 (0.207 0)	−0.324 6 (0.268 3)
样本数量	683	469
F (6, 676)	18.37	8.95
Adj R-squared	0.132 6	0.092 5
Prob>F	0.000 0	0.000 0

注：括号内的数值表示标准误，*** 代表 1% 水平显著，** 代表 5% 水平显著。

通过表 14 - 10，对比高组和低组的数据表明，物质资本、自然资本和金融资本对农户水土保持技术采用程度的影响系数或者显著性高组都大于低组，说明政府支持具有正向调节效应。当物质资本、自然资本和金融资本一样的情况下，政府支持程度高的农户水土保持技术采用程度大于政府支持程度低的农户水土保持技术采用程度。关于物质资本，农机具购置补贴政策的实施促进了农用机械的普及，农用机械数量越多代表农户对农业生产越重视，政府补贴更加促进农户采用水土保持技术，以免因为水土流失导致作物减产。对于自然资本的耕地和林地规模越大，农户对农业生产越重视，政府的补贴种类和金额对其影响越大，越能激励其采用水土保持技术。因而政府政策对拥有耕地和林地面积越多的农户的行为调节作用越显著。对比高组和低组的数据表明，生态认知对农户水土保持技术采用程度的影响系数和显著性高组大于低组，说明政府支持具有正向调节效应。当生态认知一样的情况下，政府支持程度高的农户水土保持技术采用程度大于政府支持程度低的农户水土保持技术采用程度。假设 H14－8 得到验证。

本篇小结：本篇基于实地农户调查数据，运用二元 Logistic 模型实证分析资本禀赋、政府支持对农户水土保持技术选择行为的影响作用。运用Hechman 模型实证分析资本禀赋、政府支持对农户水土保持技术采用程度的影响作用。并且分析政府支持对资本禀赋与水土保持技术选择和采用程度的调节效应。本篇主要得出以下结论。

（1）资本禀赋总指数、自然资本禀赋对农户采用水土保持工程技术具有正向影响。具体来说，人力资本禀赋中是否兼业、金融资本禀赋中年总收入对农户水土保持工程技术的采用具有负向作用。物质资本禀赋中农用机械数量、自然资本中耕地面积、金融资本禀赋中是否借贷、社会资本禀赋中相互信任、政府支持、生态补偿、生态认知和技术认知对农户水土保持工程技术的采用具有正向影响。政府支持对自然资本禀赋、金融资本禀赋、社会资本禀赋影响农户采用水土保持工程技术的关系中具有正向调节作用。

（2）资本禀赋、金融资本禀赋对水土保持生物技术的采用具有负向作用。物质资本禀赋对农户水土保持生物技术的采用具有正向影响。具体来说，物质资本禀赋中农用机械数量和住房类型、自然资本禀赋中林地面积、社会资本禀赋中相互信任、政府支持对农户水土保持生物技术的采用具有正向影响。自然资本禀赋中耕地面积、金融资本禀赋中年总收入对农户水土保持生物技术的采用具有负向作用。在人力资本禀赋、物质资本禀赋、自然资本禀赋、金融资本禀赋对农户采用水土保持生物技术的影响中政府支持具有正向调节效应。

（3）资本禀赋、自然资本禀赋、金融资本禀赋对农户水土保持耕作技术的采用具有正向影响。具体来讲，物质资本禀赋中农用机械数量、自然资本禀赋中耕地面积、金融资本禀赋中是否借贷、政府支持对农户水土保持耕作技术的采用具有正向影响。物质资本禀赋中住房类型对农户水土保持耕作技术的采用具有负向作用。在物质资本禀赋、自然资本禀赋、金融资本禀赋对农户采用水土保持耕作技术的影响中政府支持具有正向调节效应。

（4）资本禀赋、物质资本禀赋、自然资本禀赋、金融资本禀赋、政府支持对农户水土保持技术采用程度具有正向促进作用。具体来说，物质资本禀赋中农用机械数量、自然资本禀赋中耕地面积和林地面积、金融资本禀赋中是否借贷、社会资本中相互信任对农户水土保持技术采用程度具有显著的正向作用。在物质资本禀赋、自然资本禀赋和金融资本禀赋对农户水土保持技术采用程度的影响中政府支持具有正向调节效应。

第八篇

资本禀赋、政府支持对农户水土保持技术持续采用的影响

第十五章　资本禀赋、政府支持
对农户水土保持技术
持续采用的影响

　　水土流失的治理成效能否持续取决于农户对于水土保持技术的持续采用情况，因此，本篇在上一篇的基础上继续研究。首先，对资本禀赋、政府支持对农户水土保持技术持续采用的影响机理进行分析。其次，对调研样本进行说明，选择变量并进行描述性统计。最后，运用二元 Probit 模型进行实证分析。

一、问题的提出

　　水土保持技术效益的充分发挥不仅取决于农户对技术的采用更取决于农户对技术的持续采用。然而，现实有些农户采用技术不具有持续性（徐涛等，2018）。因此进一步加强引导农户持续采用水土保持技术，是治理水土流失的关键。那么资本禀赋如何影响农户持续采用？政府支持如何影响农户持续采用？本章尝试解决此问题。

二、理论分析与研究假设

　　人力资本的影响。一方面，水土保持技术需要投入一定的劳动力，劳动力数量越多，越有可能持续采用水土保持技术，兼业能够提高农户人力资本，影响农户对水土保持技术的持续采纳。另一方面，文化程度高的农户更容易找到非农工作，从事非农工作的概率越大，越会抑制农户持续采用水土保持技术。家庭中劳动力人数越多，生计压力较大，一些劳动力选择外出从事非农工作，因此会抑制农户持续采纳水土保持技术（李然嫣等，2017）。受教育程度正向影响农户技术后续采用意愿（薛彩霞等，2018；陈儒等，2018；乔丹等，2018），劳动力数量会抑制农户水土地保持技术持续采用（乔丹等，2018）。徐涛（2018）研究表明受教育程度正向影响农户滴灌技术持续采纳意愿。家庭劳动力占比负向影响农户持续采纳意愿。因此，做出如下研究假设。

H15-1：人力资本对农户水土保持技术持续采用影响方向不确定。

自然资本禀赋的影响。徐涛（2018）研究表明平均地块面积正向影响农户滴灌技术的持续采纳意愿。因此，做出如下研究假设。

H15-2：自然资本对农户水土保持技术持续采用具有促进作用。

金融资本禀赋的影响。一方面，当农户的经济状况越好，其经济压力会更小，越可能持续采用水土保持技术。当农户家庭总现金收入不足时，可能需要通过借贷来弥补。另一方面，金融资本高的农户可能更多地从事非农就业，务农机会成本高，更多地依赖非农收入，因此抑制了农户持续采纳水土保持技术（李莎莎等，2015）。因此，做出如下研究假设。

H15-3：金融资本对农户水土保持技术持续采用影响方向不确定。

物质资本禀赋的影响。物质资本丰富的农户更愿意持续采纳具有经济效益和生态效益的水土保持技术。因此，做出如下研究假设。

H15-4：物质资本对农户水土保持技术持续采用具有促进作用。

社会资本禀赋的影响。社会资本丰富的农户，更愿意持续采用水土保持技术（田云，2015；刘可等，2019）。因此，做出如下研究假设。

H15-5：社会资本对农户水土保持技术持续采用具有促进作用。

政府支持的影响。薛彩霞等（2018）研究表明补贴正向影响农户持续采用节水灌溉技术。陈儒等（2018）研究表明政府技术推广正向影响农户低碳农业技术后续采用意愿。乔丹（2018）研究表明政府推广次数对未来农户节水灌溉增加采用面积有正向影响。徐涛（2018）研究表明农户补贴政策认知对其滴灌技术持续采纳意愿具有正向影响。因此，做出如下研究假设。

H15-6：政府支持对农户水土保持技术持续采用具有促进作用。

三、数据说明、变量选择、模型构建

（一）数据说明及样本特征

这里主要研究资本禀赋与政府支持对农户水土保持技术持续采用的影响，因此，本章中选择"已经采用过水土保持技术的农户"为研究对象，考察其水土保持技术持续采用情况，样本量为996户。996户样本农户的基本情况见表15-1。

表 15-1　样本农民的基本情况

变量	分类	户数（户）	比例（%）	变量	分类	户数（户）	比例（%）
性别	男性	967	97.09	受教育程度	文盲	219	21.99
	女性	29	2.91		小学	237	23.80
年龄	30 岁及以下	20	2.01		初中	441	44.28
	31～40 岁	108	10.84		高中或中专	92	9.24
	41～50 岁	289	29.02		大专及以上	7	0.7
	50 岁及以上	579	58.13	总收入	1 万元及以下	216	21.69
家庭劳动力数量	1 人及以下	81	8.13		1 万～3 万元	344	34.54
	2 人	395	39.66		3 万～5 万元	229	22.99
	3 人	169	16.97		5 万～10 万元	152	15.26
	4 人	222	22.29		10 万元及以上	55	5.52
	5 人及以上	129	12.95	兼业	是	418	41.97
					否	578	58.03

如表15-1所示，在采用水土保持技术的农户中，男性占97.09%，女性占2.91%，与当前我国农村中户主大部分是男性相符合；30岁及以下的农户占比2.01%，31～40岁的农户占比10.84%，41～50岁的农户占比29.02%，50岁及以上占比58.13%，可见，老龄化趋势明显；受教育程度方面，文盲占比21.99%，小学占比23.80%，初中占比44.28%，高中或中专占比9.24%，大专及以上占比0.7%，可见农户受教育水平不是很高；家庭中有2个劳动力的占比39.66%，有3个劳动力的占比16.97%，有4个劳动力的占比22.29%。从事兼业生产的农户占比41.97%，没有进行

兼业生产的占比 58.03%；家庭总收入在 1 万元以下的占比 21.69%，1 万~3 万元的占比 34.54%，3 万~5 万元的占比 22.99%，5 万~10 万元的占比 15.26%，10 万元以上的占比 5.52%，可见农户收入水平不是很高并且存在两极分化现象。66.57%的农户表示会持续采用水土保持技术。

(二) 变量选择

1. 因变量

持续采用意愿，主要是通过询问已经采用水土保持技术的农户是否愿意持续采用水土保持技术来进行衡量。

2. 核心自变量

本篇核心自变量为第四篇农户资本禀赋与政府支持。

3. 其他变量

农户对技术的采用是一个持续的过程，其在采用了技术之后，会对技术使用的效果进行评价，然后做出是否愿意持续采纳的判断，农户对技术采用后的评价效果是影响其做出持续采用判断的关键影响因素，当感知收益大于成本，也就是农户感知到采用水土保持技术行为是利大于弊的，是"划算的"，从而产生持续采用的内在动力，反之，农户可能不会持续采用。农户对水土保持技术的主观认识和感受，对其带来的良好作用的评判和认知，是持续采用水土保持技术的前提。根据采用农户对采用后的效果的回答情况进行打分（1=不好；2=不太好；3=一般；4=比较好；5=特别好）。上述变量的定义、赋值以及描述性统计分析见表15-2。

表 15-2 变量含义和描述性统计

变量	含义及赋值	最小值	最大值	均值	标准误
因变量					
持续采用意愿	愿意=1，不愿意=0	0	1	0.665 7	0.471 9
解释变量					
资本禀赋	根据熵值法测度	3.461 1	9.040 8	5.694 6	0.881 6
人力资本	根据熵值法测度	0.515 6	0.243 0	1.210 9	0.312 3

（续）

变量	含义及赋值	最小值	最大值	均值	标准误
受教育程度	文盲＝1，小学＝2，初中＝3，高中或中专＝4，大专及以上＝5	1	5	2.428 7	0.955 2
是否兼业	1＝是，0＝否	0	1	0.419 7	0.493 7
劳动力数量	家庭劳动力数量	0	12	2.992 9	1.482 5
自然资本	根据熵值法测度	0.539 4	3.123 2	0.824 8	0.289 7
耕地面积	农户所经营的耕地面积，单位：亩	0	64	11.365 4	11.177 7
林地面积	农户所经营的林地面积，单位：亩	0	60	3.952 5	6.725 2
物质资本	根据熵值法测度	0.639 1	2.522 3	1.220 4	0.283 3
住房类型	1＝混凝土，2＝砖瓦，3＝砖木，4＝土木，5＝石窑	1	5	2.864 4	1.368 9
农用机械数量	家庭农用机械数量	0	3	0.464 8	0.563 3
工具种类	家庭交通工具数量（个）	0	3	0.955 8	0.729 9
金融资本	根据熵值法测度	0.475 7	1.693 0	0.802 6	0.258 1
总收入（元）	1＝1万及以下，2＝1万～3万，3＝3万～5万，4＝5万～10万，5＝10万及以上	1	5	2.483 9	1.149 5
借贷	是否借贷：是＝1，否＝0	0	1	0.324 3	0.468 3
社会资本	根据熵值法测度	0.654 5	2.838 2	1.635 9	0.409 9
村干部	家庭是否有村干部？1是，0否	0	1	0.175 7	0.380 7
来往人数	0～20＝1，20～50＝2，50～100＝3，＞100＝4	1	4	2.051 2	0.986 5
相互信任	1＝没有，2＝很少，3＝一般，4＝较多，5＝很多	1	5	3.766 1	0.974 3
相互帮助	没有＝1，很少＝2，一般＝3，较多＝4，很多＝5	1	5	3.847 4	0.880 2
政府支持	根据政府宣传、推广、组织、投资、补贴计算加权平均值	0	1	0.604 6	0.337 7
采用效果评价	1＝不好，2＝不太好，3＝一般，4＝比较好，5＝特别好	1	5	3.839 3	0.830 5

（三）模型方法

本篇中的研究对象是采用过水土保持技术的农户，"持续采纳意愿"为因变量，愿意持续采纳赋值为1，不愿意持续采用赋值为0，为二分类变量，因此，这里选择二元 Probit 模型进行分析，模型形式如下：

$$\text{Prob}(Y=1|x_1+x_2,\cdots,x_k)=1-\Phi\left[-(\beta_0+\beta_1 x_1+\beta_2 x_2+\cdots+\beta_k x_k)\right]$$
$$=\Phi(\beta_0+\beta_1 x_1+\beta_2 x_2+\cdots+\beta_k x_k)$$

$$(15-1)$$

公式（15-1）中，Y 是因变量，本章中指持续采用情况，x_1+x_2，…，x_k 为解释变量，本章中指资本禀赋、政府支持等变量，$\Phi(.)$ 为标准正态累积分布函数，β_0 是常数项，β_1，β_2，…，β_k 为解释变量系数。

四、资本禀赋与政府支持对农户水土保持技术持续采用意愿的实证结果及分析

本篇运用 Stata14.0 统计软件二元 Probit 模型检验资本禀赋与政府支持对农户水土保持技术持续采用意愿的影响，检验结果见表 15-3。

表 15-3 资本禀赋、政府支持对农户水土保持技术持续采用的影响

变量	模型 Ⅰ	模型 Ⅱ	模型 Ⅲ
资本禀赋	0.404 7*** （0.103 6）		
人力资本		0.089 5（0.303 9）	
受教育程度			−0.062 8（0.096 7）
是否兼业			0.224 9（0.187 6）
劳动力数量			0.049 7（0.066 4）
物质资本		0.250 2（0.317 2）	
住房类型			−0.017 6（0.066 0）
农用机械数量			0.116 8（0.177 8）
工具种类			0.192 2（0.128 3）
自然资本		2.150 8*** （0.438 3）	
耕地面积			0.050 4*** （0.010 4）
林地面积			0.024 6（0.017 6）
金融资本		0.052 6（0.374 5）	
年总收入			−0.153 6* （0.084 7）

（续）

变量	模型Ⅰ	模型Ⅱ	模型Ⅲ
是否借贷			0.200 1（0.211 1）
社会资本		0.339 9（0.232 9）	
是否是村干部			0.190 2（0.250 9）
来往人数			−0.068 7（0.099 6）
相互信任			0.284 8***（0.094 7
相互帮助			−0.096 6（0.102 6）
政府支持	0.839 6***（0.248 9）	0.591 2**（0.260 7）	0.724 9***（0.273 2）
效果评价	2.103 0***（0.142 8）	2.151 7***（0.147 3）	2.225 1***（0.154 4）
Cons	−9.842 9***（0.835 5）	−10.301 4***（0.897 5）	−9.098 2***（0.852 5）
Pseudo R^2	0.328 5	0.343 9	0.364 6
Log likelihood	−426.167 87	−416.419 16	−403.288 96
LR chi^2（）	416.98	436.48	462.74
Prob＞chi^2	0.000 0	0.000 0	0.000 0

注：*、** 和 *** 分别代表通过了 10%、5% 和 1% 水平的显著性检验，括号内的数字为系数的标准误。

在实证分析时，模型Ⅰ主要是实证分析资本禀赋总指数、政府支持的影响，模型Ⅱ主要是探究五大资本与政府支持对农户水土保持技术持续采用的影响。模型Ⅲ主要探究资本禀赋各个具体变量与政府支持对农户水土保持技术持续采用的影响。从回归结果来看，表 15 - 3 中三个模型的- 2Log likeli-hood 值依次减少，表明三个模型的拟合程度不断提高。在三个模型中，政府支持和效果评价回归系数的符号和显著性具有一致性，说明模型结果稳健性较好。

（一）资本禀赋对农户水土保持技术持续采用的影响

资本禀赋对农户水土保持技术持续采用意愿的影响系数为 0.404 7，通过了 1% 的显著性检，即资本禀赋越丰富，农户持续采用意愿越高。自然资本对农户水土保持技术持续采用意愿通过了 1% 的正向显著性检验，即自然资本禀赋越丰富，农户持续采用意愿越高。假设 H15 - 2 得到验证。

自然资本中耕地面积对农户水土保持技术持续采用意愿通过了 1% 的显著性检验，且回归系数为正，表明耕地面积对农户水土保持技术持续采用意愿具有正向促进作用，即耕地面积越多，持续采用意愿越高。主要是因为，农户耕地面积越大，说明农户更多地依赖于农业，农业生产对其非常重要，会持续采用水土保持技术来应对水土流失。总收入通过了 10% 的显著性检验，且回归系数为负，表明总收入对农户水土保持技术持续采用意愿具有负向作用。随着城镇化的发展，农户兼业化程度高，劳动力多的家庭也倾向出去务工，农户家庭的主要收入来源于非农行业，因此对农业生产没有特别重视，对水土保持技术的持续采用产生抑制作用。模型中，相互信任的回归系数为 0.284 8，通过了 10% 的显著性检，表明农户越信任，持续采用意愿越高。主要是因为水土保持技术具有很强的外部性，要使其能够起到作用，需要农户的集体行动，这就要求农户应当互相信任、互相合作，因此，与周围人信任程度越高，农户持续采用水土保持技术的积极性越高。

（二）政府支持对农户水土保持技术持续采用的影响

在三个模型中政府支持对农户水土保持技术持续采用意愿都通过了 1% 的正向显著性检验，即政府支持程度越高，农户越会愿意继续采用水土保持技术。说明政府支持程度越高，其持续采用意愿越强烈。政府支持能够有效地激励农户采用水土保持技术。主要是因为水土保持技术具有很强的外部性，要使其能够起到作用，这就要求政府进行支持，因此，政府支持程度越高，农户持续采用水土保持技术的积极性越高。假设 H15 - 7 得到验证。

（三）其他变量对农户水土保持技术持续采用的影响

在三个模型中采用效果评价对农户持续采用水土保持技术意愿通过了 1% 的正向显著检验。模型估计结果中采用效果评价的系数最高，说明，采用效果评价对农户水土保持技术持续采用具有非常重要的影响，起着主要的作用，当农户对水土保持技术评价越高，认为效果越好，越会持续采用。

本篇小结：本篇选取样本中已采用水土保持技术的农户为研究对象，运用二元 Probit 模型，实证研究了资本禀赋及其维度与政府支持对农户水土保持技术的持续采用意愿的影响，得出以下研究结论。

（1）资本禀赋对农户水土保持技术持续采用意愿的影响。金融资本禀赋中总收入对农户水土保持技术持续采用意愿具有负向作用。资本禀赋、自然资本禀赋、自然资本禀赋中耕地面积、社会资本禀赋中相互信任正向影响农户水土保持技术持续采用意愿。

（2）政府支持和采用效果正向影响农户水土保持技术持续采用意愿。

第九篇

农户水土保持技术
采用效应分析

第十六章　农户水土保持技术
采用效应分析

第五、六、七、八这四篇分别从农户水土保持技术采用的不同阶段，分析了资本禀赋和政府支持对农户技术认知、采用决策、技术选择、采用程度和持续采用的影响作用。本篇在以上几篇研究基础上，对农户水土保持技术采用的效应进行评价。

一、问题的提出

科学技术是第一生产力，同样农业技术对农村经济的发展和农民收入的增加有重要的作用。农户作为"理性经济人"，判断是否采用一项新的农业技术，主要取决于其能不能提高农业生产收益，因此，成本收益情况是农户决定持续采用水土保持技术时重点考虑的问题（吴雪莲，2016）。当农户采用水土保持技术能够提高产量和增加利润，会促进水土保持技术的推广。如果采纳水土保持技术不能增加作物产量和提高农户收入，这会阻碍水土保持技术的有效推广。如前所述，以工程技术、生物技术和耕作技术为主要形式的水土保持技术不仅有利于降低单位生产成本，还可以获得增产增收回报，同时提供了具有正外部性的环境产品。黄土高原地区在大面积推广水土保持技术，科学准确评价农户采纳水土保持技术的效应，能够为水土保持技术在全国范围内推广提供有力的政策依据。学者侧重研究农户采用水土保持技术的影响因素，关于水土保持技术采用的经济效益和生态效益研究极少。那么在水土保持技术采用过程中，其效果如何，能否降低水土流失对农户农业产出和生态环境的影响？因此，本章将从经济效益和生态效益两个视角考察农户水土保持技术采用的效应。首先，将水土保持技术采用行为与农业产出纳入同一分析框架实证分析并揭示农户水土保持技术采用行为的影响因素与行为的成效评估，运用内生转换模型，引入工具变量，克服水土保持技术采用行为与农业产出之间存在的内生性问题，同时分析农户水土保持技术采用行为的影响因素及其对农业产出的影响。运用了"反事实"，评估水土保持技术采用行为的平均处理效应，尽可能准确地估计行为对农业产出的真正影响，进而避免提出误导性的政策建议。最后，以农户对水土保持技术生态效果的主观评价为基础，运用有序 Probit 模型，探索水土保持技术的生态效应。

对上述问题的回答，能够为政府制定相关政策激励农户采用水土保持技术应对水土流失对农业生产的不利影响。事关如何有效引导农户应对水土流失的水土保持技术采用，促进政府制定和执行应对水土流失的适应措施，稳定农户农业生产，保障农业产业持续发展，为优化水土保持技术采用效果提升路径提供理论与实证依据。

二、理论分析与研究假设

农户作为农业生产的微观个体，采用一系列农业技术来降低外部冲击变化对农业产出的不利影响，在这个过程中，农业技术的效果显得尤为重要，主要包括农业技术对农户农业产出和收入的影响以及生态效应。学术界对农户技术采用行为效果展开了一系列研究。

农业产出效应。蔡荣等（2012）研究表明保护性耕作技术对稻谷单产水平具有正向积极作用。与采用传统耕作技术的农户相比，采用保护性耕作技术的农户稻谷单产水平大约要高出 93 千克/公顷。冯晓龙等（2017）研究表明农户气候变化适应性决策能够增加农业产出。罗小娟等（2013）研究表明测土配方施肥技术能够提高水稻产量。穆亚丽等（2017）研究表明农户沼肥还田能够增加农地产值，具有一定的经济效应。耿宇宁等（2018）研究表明绿色防控技术具有显著的经济效应，能够增加猕猴桃产量。杨宇等（2016）研究表明灌溉适应行为增加灌溉次数能够避免小麦产量下降。李卫等（2017）研究表明保护性耕作技术对作物产量有显著的正向影响，种子费用、灌溉费用、机械服务费用、耕地面积对作物产量有正向影响。Falco 等

（2011）研究表明，气候变化适应性决策正向影响农户农业产出。赵连阁等（2013）研究表明化学防治型 IPM 技术和生物防治型 IPM 技术正向显著影响水稻产量。Foudi 和 Erdlenbruch（2012）以法国农户的微观数据，研究表明灌溉农户的平均产出水平高于未灌溉农户，同时灌溉农户的收益方差比未灌溉农户的收益方差低。Huang 等（2014）研究表明，农户的极端天气适应性措施采用正向影响农业产出。马丽（2010）研究表明农户对种子和除草剂等的投入成本也有不同程度的降低，保护性耕作技术产量更高，成本更低，具有很好的经济效益，具有很强的推广价值。

生态效应。罗小娟等（2013）研究表明测土配方施肥技术确实能够起到降低化肥施用量的作用，测土配方施肥技术采用能够降低化肥施用量。耿宇宁等（2018）研究表明绿色防控技术具有显著的环境效应。马丽（2010）研究表明保护性耕作技术具有很好的生态效益，具有很强的推广价值。

农户作为理性经济人，为降低水土流失的潜在影响，通常采用治坡工程等工程技术、造林种草等生物技术、少耕免耕等保护性耕作等技术。这些适应技术主要通过保水、保土、保肥影响农业产出。例如，采用造林种草为主的生物技术，能够涵养水源、保持水土，加强土壤的蓄水和拦水能力；少耕免耕等保护性耕作技术主要作用于农户的土地上，能够提升土壤抗性，加大土壤的吸水量，提高土壤蓄水能力（应恩宇，2018）。修建梯田，能够起到保土、保水和保肥的作用（张玲，2018）。少耕免耕等保护性耕作技术能够保护土壤原有的层结构，提高土壤的通透性，同时增加土壤的腐殖质、有机质，提升土壤的肥力，防止土壤中养分流失，提高肥料利用效率，进而影响农业产出。因此，提出以下研究假设。

H16-1：农户采用水土保持技术能够增加农业产出。

H16-2：水土保持技术的采用能够改善生态环境。

基于以上阐述，本章构建农户水土保持技术采用行为对农业产出和生态效果的影响机理图（图 16-1）。

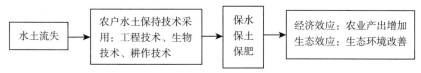

图 16-1　农户水土保持技术采用行为对农业产出和生态环境效果的影响机理

三、数据说明、变量选择与模型设定

（一）数据及样本基本情况

本章研究所用数据来自课题组于 2016 年 10—11 月在陕西省、甘肃省、宁夏进行的实地调研。对于水土保持技术的经济效应评价，需要用相同作物，在样本农户中，玉米种植户最多，因此，在分析农户水土保持技术采用经济效应部分，以 808 户玉米种植户为例。808 户样本农户基本情况见表 16-1。

表 16-1 样本农民的基本情况

变量	分类	频数	频率（%）	变量	分类	频数	频率（%）
性别	男性	786	97.28	受教育程度	不识字或识字很少	179	22.15
	女性	22	2.72		小学	188	23.27
年龄	30 岁及以下	13	1.61		初中	364	45.05
	31～40 岁	92	11.39		高中或中专	74	9.16
	41～50 岁	246	30.44		大专及以上	3	0.37
	51～65 岁	363	44.93	农业收入占比	25%以下	352	43.56
	66 岁以上	94	11.63		25%～49%	169	20.92
合作社	加入	53	6.56		50%～74%	112	13.86
	未加入	755	93.44		75%以上	175	21.66

808 户样本农户中，男性所占比例较大，占总样本数的 97.28%。年龄大多集中在 41～65 岁之间，占到样本农户的 75.37%，表明随着城镇化的推进，大部分青壮劳动力选择外出务工，目前农村务农的农户年龄偏大，符合当前农村的实际情况。样本农民的受教育程度普遍较低，初中及以下占到 90.47%。6.56%的农户加入合作社，比例较低。

关于水土保持技术的生态效应。农户是生态效果最直接的体验者和受益者，其对水土保持技术采用前后生态环境变化有具体的评价或感受，也是生态效果的直观反映。因此，此部分的样本是采用水土保持技术的农户。其样本特征如表 15-1 所述。

（二）变量选择及说明

1. 因变量

在经济效应评价模型中，因变量包含两个，一个是水土保持技术采用行为。在面对水土流失，生产实践中农户对工程技术、生物技术、耕作技术任何一种水土保持技术的采纳，都被认为是农户采用水土保持技术。一个是经济效应。本章用玉米单产作为经济效应的指标。

2. 自变量

在借鉴相关研究成果的基础上，经济效应模型的自变量选取生态认知、要素投入、农户和家庭禀赋特征及工具变量等变量。生态认知用农户水土流失严重程度的感知程度来测量，直接询问农户对水土流失严重程度的感知。农户资本禀赋，借鉴相关研究，用年龄、受教育程度、耕地面积、是否加入合作社代表。工具变量选取政府支持和相互信任。水土保持技术经济效应回归模型涉及变量描述见表 16-2。

表 16-2　水土保持技术经济效应回归模型的变量描述性统计分析

变量	变量说明	Mean	Std.
玉米产出	农户每亩玉米期望产出（斤）	1 001.974	580.347 4
生态认知	1=无水土流失，2=不太严重，3=一般，4=比较严重，5=非常严重	3.702 6	1.470 4
技术采用	是否采用？是=1，否=0	0.711 6	0.453 3
要素投入			
化肥	亩均化肥投入（元/亩）	161.890 9	143.838 1
农药	亩均农药投入（元/亩）	21.937 49	53.748 77
机械租赁	亩均机械租赁投入（元/亩）	42.890 82	72.736 6
政府支持	加权平均法得到	0.573 5	0.353 9
相互信任	没有=1，很少=2，一般=3，较多=4，很多=5	3.725 2	0.997 5
资本禀赋			
年龄	20 岁以下=1，21～30 岁=2，31～40 岁=3，41～50 岁=4，51～65 岁=5，66 岁以上=6	4.537 1	0.896 7
受教育程度	文盲=1，小学=2，初中=3，高中或中专=4，大专及以上=5	2.423 3	0.945 4

（续）

变量	变量说明	Mean	Std.
性别	0＝女性，1＝男性	0.972 8	0.162 8
耕地面积	农户所经营的耕地面积，单位：亩	12.131 9	11.315 7
合作社	是否加入合作社，是＝1，否＝0	0.065 6	0.247 7

在生态效应评价模型中，因变量为生态效应。受数据和专业所限，无法做到用工程学角度对水土保持技术的生态效果进行评价。农户是生态效果最直接的体验者和受益者，其对水土保持技术采用前后生态环境变化有具体的评价或感受，也是其生态效果的直观反映。因此，本章的生态效应变量选用农户对水土保持技术改善生态环境作用的主观评价来表征。通过询问采用水土保持技术的农户"水土保持技术改善生态环境效果"来测度，采用李克特五级量表，"1""2""3""4""5"分别表示"效果不好""效果不太好""效果一般""效果比较好""效果特别好"。

生态效应模型的自变量选取资本禀赋和政府支持等变量。具体包括年龄、性别、受教育程度、劳动力数量、是否兼业、耕地面积、工具种类、农用机械数量、农业收入占比、相互信任、相互帮助、政府支持和生态补偿政策认知。水土保持技术生态效应回归模型涉及的变量描述见表16-3。

表16-3　生态效应回归模型变量描述性统计分析

变量	含义及赋值	最小值	最大值	均值	标准误
因变量					
生态效应	农户对水土保持技术改善生态环境效果的评价：1＝效果不好，2＝效果不太好，3＝效果一般，4＝效果比较好，5＝效果特别好	1	5	3.438 7	1.046 3
解释变量					
年龄	20岁以下＝1，21～30岁＝2，31～40岁＝3，41～50岁＝4，51～65岁＝5，66岁以上＝6	1	6	4.565 3	0.925 8
性别	1＝男，0＝女	0	1	0.970 9	0.168 2
受教育程度	文盲＝1，小学＝2，初中＝3，高中或中专＝4，大专及以上＝5	1	5	2.428 7	0.955 2

（续）

变量	含义及赋值	最小值	最大值	均值	标准误
是否兼业	1＝是，0＝否	0	1	0.419 7	0.493 7
劳动力数量	家庭劳动力数量	0	12	2.992 9	1.482 5
耕地面积	农户所经营的耕地面积，单位：亩	0	64	11.365 4	11.177 7
农用机械数量	家庭农用机械数量	0	3	0.464 8	0.563 3
工具种类	家庭交通工具数量（个）	0	3	0.955 8	0.729 9
农业收入占比	25％以下＝1，25％～49％＝2，50％～74％＝3，75％以上＝4	1	4	2.001 0	1.173 8
相互信任	没有＝1，很少＝2，一般＝3，较多＝4，很多＝5	1	5	3.766 1	0.974 3
相互帮助	没有＝1，很少＝2，一般＝3，较多＝4，很多＝5	1	5	3.847 4	0.880 2
政府支持	根据政府宣传、推广、组织、投资、补贴计算加权平均值	0	1	0.604 6	0.337 7
生态补偿政策认知	根据生态补偿政策了解度、生态补偿政策满意度、生态补偿政策受惠度计算平均值	1	5	3.060 4	0.681 6

（三）计量经济模型的设定

1. 经济效应评估模型

因为无法同时观测到同一个农户在采纳和未采纳水土保持技术两种状态下的农业产出情况，所以无法直接评价采纳水土保持技术对农户农业产出的影响。因此，本章在确定计量经济模型时必须考虑因果效应识别问题。农户水土保持技术采用行为具有很大的内生性，如果技术采用行为的农业产出效应不考虑其存在内生问题，模型估计结果会存在偏差（杨宇等，2016）。因此，如何在考虑农户采用水土保持技术的概率的情况下，估计采用水土保持技术对农业产出的处理效应，成为本章需要解决的关键问题。为克服内生性问题，避免评估的系数出现偏误，本章利用内生转换模型解决由可观测因素和不可观测因素的异质性带来的样本选择性偏差问题（Falco et al.，2011；冯晓龙等，2017）。

首先构建农户水土保持技术采用行为的模型，由于此阶段的因变量为是否采用，因此选择二元 logistics 模型。农户在水土流失背景下采取水土保持适应措施以期实现效用最大化，设 A_{ki}^* 为农户采用水土保持技术行为的潜在净收益，A_{in}^* 为农户不采用水土保持技术行为的潜在净收益，$A_i^* = A_{ki}^* - A_{in}^*$ 为两者之间期望效用差异。如果 $A_{ki}^* > A_{in}^*$，即 $A_i^* > 0$，那么农户将会采用水土保持技术，相反，农户不会采用。不能直接观测 A_i^*，可以用可观测的外生变量表示，农户水土保持技术采用行为决策模型为：

$$A_i^* = C_i\eta + \nu_i \qquad A_i^* = \begin{cases} 1 & \text{当 } A_i^* > 0 \\ 0 & A_i^* \leqslant 0 \end{cases} \qquad (16-1)$$

$$Adopt_{1j} = \alpha_{0j} + \alpha_{1j}X_i + \alpha_{2j}B_i + \alpha_{3j}IV_i + \varepsilon_i \qquad (16-2)$$

在公式（16-2）中，$Adopt_{1j}$ 是因变量，表示农户是否采用水土保持技术，等于 1 代表采用，等于 0 代表不采用，B_i 是关键自变量，代表水土流失严重程度，即主要目的是分析水土流失的严重程度对农户采用水土保持技术行为的影响，关注水土流失对农户水土保持适应措施采用行为是否有显著影响？因为存在内生性问题，本章在构建农户水土保持技术采用行为决策模型过程中将政府对水土保持技术的支持和社会信任作为工具变量 IV，选择的依据，一是政府支持政策的实施是村级以上主体的行为，仅影响农户的水土保持技术采用行为，而不影响农户的最终产出。二是近年来，政府不断加大对水土流失治理的投入，评估政府支持政策对农户水土保持技术采用行为的促进作用，抵御水土流失的负面影响，选择社会信任作为工具变量的原因是，社会信任仅影响农户的水土保持技术采用行为，而不影响农户的最终产出。X_i 为一组农户资本禀赋，即包括年龄、受教育程度、性别、是否加入合作社、耕地面积。

其次构建水土保持技术采用行为对农业产出影响的成效评估模型。具体计量经济模型如下：

$$y = \chi_0 + \chi_1 X_i + \chi_2 B_i + \chi_3 D_i + \chi_4 Adopt_i + \theta_i \qquad (16-3)$$

（16-3）式中的因变量 y 表示玉米单产（在运行模型取对数）。公式（16-3）探讨水土流失严重程度和采用水土保持技术对玉米单产的影响，另外，D_i 表示（机械、农药和化肥等）传统要素投入变量的总和（在运行模型取对数）。χ 簇是待估参数，θ 是误差项。

由（16-1）式可知，农户水土保持技术采用行为变量 A_i 是内生变量。

因此，运用 OLS 进行实证分析农户水土保持技术采用行为，会产生偏误。而且，公式（16-2）和（16-3）中的随机误差项可能同时受到不可观测的因素的影响，使其存在关联性，因此，如果对这种选择性偏差忽视了，会产生不一致的结果（冯晓龙等，2017）。内生转换模型可以解决此问题。

同时，此模型能够将实际情况和反事实假设情况下农户采用水土保持技术与农户未采用水土保持技术的农业产出的期望值进行对比，以此评估农户水土保持技术采用的平均处理效应（冯晓龙等，2017）。

采用水土保持技术的农户的产出期望值（处理组）：

$$E[Y_{ia}|A_i=1]=X_{ia}\chi_{1a}+B_{ia}\chi_{2a}+D_{ia}\chi_{3a}+\sigma_{ua}\lambda_{ia} \quad (16-4)$$

未采用水土保持技术农户的产出期望值（对照组）：

$$E[Y_{in}|A_i=0]=X_{in}\chi_{1n}+B_{in}\chi_{2n}+D_{in}\chi_{3n}+\sigma_{un}\lambda_{in} \quad (16-5)$$

采用水土保持技术农户在未采用水土保持技术时的产出期望值：

$$E[Y_{in}|A_i=1]=X_{ia}\chi_{1n}+B_{ia}\chi_{2n}+D_{ia}\chi_{3n}+\sigma_{un}\lambda_{ia} \quad (16-6)$$

未采用水土保持技术农户在采用水土保持技术时的产出期望值：

$$E[Y_{ia}|A_i=0]=X_{in}\chi_{1a}+B_{in}\chi_{2a}+D_{in}\chi_{3a}+\sigma_{ua}\lambda_{in} \quad (16-7)$$

通过（16-4）式与（16-6）式，得到采用农户产出的处理效应为：

$$ATT_i=E[Y_{ia}|A_i=1]-E[Y_{in}|A_i=1]$$
$$=X_{ia}(\chi_{1a}-\chi_{1n})+B_{ia}(\chi_{2a}-\chi_{2n})+ \quad (16-8)$$
$$D_{ia}(\chi_{3a}-\chi_{3n})+(\sigma_{ua}-\sigma_{un})\lambda_{ia}$$

通过（16-5）式与（16-7）式，得到未采用农户产出的处理效应为：

$$ATU_i=E[Y_{ia}|A_i=0]-E[Y_{in}|A_i=0]$$
$$=X_{in}(\chi_{1a}-\chi_{1n})+B_{in}(\chi_{2a}-\chi_{2n})+ \quad (16-9)$$
$$D_{in}(\chi_{3a}-\chi_{3n})+(\sigma_{ua}-\sigma_{un})\lambda_{in}$$

本章运用倾向得分匹配法（PSM）进行稳健性检验。与已有研究方法相比，选用倾向得分匹配法（PSM）探讨水土保持技术采用对农户农业产出的影响，主要有以下的优势，水土保持技术采用是以农户自愿为原则，农户自身决定是否采用水土保持技术，PSM 解决了样本的"自选择"问题；由于采用组和未采用组农户禀赋具有异质性，研究农户水土保持技术采用对农业产出影响存在"选择偏差"，通过 PSM 可以研究采用水土保持技术组的农户农业产出与上述农户如果没有采用水土保持技术的农业产出是否一致；无法直接观测到采用水土保持农户未采用水土保持的行为，而 PSM 通过构建反事实框架，可以有效解决样本"数据缺失"问题（司瑞石等，2018）。PSM 被广泛应用于评估政策项目实施的效果（Andrea Pufahl et al.，2009；张世伟等，2010；Mariano Mezzatesta et al.，2012）。本章尝试将 PSM 方法应用到采用水土保持技术对农户农业产出效果评价方面，评价水土保持技术采用对农业产出的影响。首先，估计农户采用水土保持技术的概率，得到倾向匹配得分 P。其次，整理农户调查数据得到农户亩均作物产值作为 PSM 方法的输出结果。最后，估计 ATT。

基于农户调查数据，分成两组，农户采纳水土保持技术作为处理组 I（$D=1$），农户未采纳水土保持技术作为对照组 J（$D=0$），D 为指示变量。PSM 就是在给定禀赋特征 x_i 的条件下，所选样本个体在 I 组的概率，公式为：

$$P(x_i) = P_r(D=1 \mid x_i) \quad i \in (I+J) \qquad (16-10)$$

将公式（16-10）代入 Logit 逻辑分布公式得到农户水土保持技术采用的倾向匹配得分：

$$P(x_i) = P_r(D=1 \mid x_i) = \frac{\exp(\beta X_i)}{1 + \exp(\beta X_i)} \quad i \in (I+J) \qquad (16-11)$$

公式（16-11）的右边代表累积分布函数，x_i 表示影响农户水土保持技术采纳行为的自变量，Y 代表农户农业产出，Y_i 表示第 i 个农户采用水土保持技术的农业产出。对公式（16-11）进行估计后，可以得到农户采纳水土保持技术的概率，即倾向匹配得分值。每一位农户输出的结果 Y 都包含两种结果，农户未采用水土保持技术时的农业产出 Y_0，农户采用水土保持技术时的农业产出 Y_1。在调研过程中只能获得一种数据，对于对照组 J 的农户，获得的数据只有农户未采用水土保持技术的农业产出。对于处理组 I 中的农户，获得的数据农户采用水土保持技术的农业产出，重点估计水土保持技术对农户农业产出的影响效果，即农户在未采用水土保持技术情况下农业产出 Y_0^i 与农户在采用水土保持技术下农业产出 Y_1^i 之间的差异，处理组与对照组平均处理效应 ATT 表达式如下：

$$ATT = E[Y_1^i - Y_0^i] = E[Y_1^i - Y_0^i \mid D=1] = E[Y_1^i \mid D=1] - E[Y_0^i \mid D=1]$$

$$(16-12)$$

式（16-12）中，通过调研数据，只能观测到 $E[Y_1^i \mid D=1]$，不能观测到 $E[Y_0^i \mid D=1]$，因此本章选择匹配估计系数估计处理组 I 中采用水土保持技术的农户在未采用该项技术情况下的农业产出，得到估计值 $Y_0^i = E[Y_0^i \mid D=1]$。在未采用水土保持技术的农户中寻找类似于采用水土保持技术农户特征，以此估计采用水土保持技术农户在未采用水土保持技术情况下的农业产出，最后得出采用该技术农户实际农业产出与估计农业产出之间的差值，即为水土保持技术对农户农业产出的影响。本章利用核匹配方法进行分析。

2. 生态效应评估模型

由于本部分的因变量是农户采用水土保持技术后对其生态效果的评价，主要是 1～5，因此本篇运用 Ordered probit 模型探究农户采用水土保持技术的生态效应，模型在第五篇中已经介绍，这里不再介绍。

四、农户水土保持技术采用的经济效应结果与分析

利用 Stata14.0 软件，采用完全信息极大似然法（FIML）分别估计农户水土保持技术采用行为对玉米种植户亩均产出的影响效应。农户水土保持技术采用行为与玉米产出模型联立估计结果见表 16-4。

表 16-4　农业产出模型估计结果

变量	农户水土保持技术采用行为	农业产出模型	
		采用农户	未采用农户
水土流失	0.124 5** （0.048 3）	−0.017 9* （0.011 8）	0.000 04 （0.020 0）
投入变量（取对数）	—	0.076 9*** （0.024 7）	0.125 2*** （0.037 1）
工具变量			
政府支持	0.083 3*** （0.030 9）	—	—
相互信任	0.008 2 （0.043 7）	—	—
农户资本禀赋			
年龄	−0.260 2*** （0.059 3）	−0.035 9** （0.015 5）	−0.038 4 （0.025 2）
受教育程度	−0.034 8 （0.053 9）	−0.002 9 （0.013 7）	−0.007 9 （0.021 9）
性别	0.137 2 （0.294 7）	−0.008 5 （0.081 9）	0.091 7 （0.109 8）
耕地面积	0.067 7*** （0.009 6）	0.005 3** （0.002 6）	0.012 5** （0.005 0）

（续）

变量	农户水土保持技术采用行为	农业产出模型	
		采用农户	未采用农户
合作社	0.159 4（0.220 1）	−0.023 3（0.051 6）	0.227 7**（0.088 1）
Cons	0.395 1（0.491 5）	6.710 5***（0.184 8）	6.160 3***（0.308 5）
$\ln\sigma_{ua}$	—	−1.100 3***（0.092 9）	—
σ_{ua}	—	1.115 6***（0.254 9）	—
$\ln\sigma_{un}$	—	—	−1.107 3***（0.041 6）
σ_{un}	—	—	−0.968 9***（0.174 0）
LR	22.27***	—	—
Log likelihood	−501.896 55	—	—

表中 ***、**、* 分别表示自变量在 1％、5％、10％的置信水平上显著。

表 16-4 中第 2 列显示的是农户水土保持技术采用行为影响因素的估计结果，第 3 列是采用水土保持技术农户玉米产出影响因素的估计结果。第 4 列是未采用水土保持技术农户玉米产出影响因素的估计结果。回归结果显示，农户水土保持技术采用行为模型误差项与采用水土保持技术农户玉米产出模型的相关系数 σ_{ua} 估计值通过了 1％的显著性检验，农户水土保持技术采用行为模型误差项与未采用水土保持技术农户玉米产出模型误差项的相关系数 σ_{un} 的估计值通过了 1％的显著性检验，这就表示玉米产出模型存在样本选择性偏差。σ_{un} 小于 0，表示未采用水土保持技术的农户的产出低于样本中其他农户的产出，σ_{ua} 大于 0，表示采用水土保持技术农户的玉米产量大于调查范围中其他农户的玉米产量（Akpalu and Normanyo，2014；冯晓龙等，2017；Huang et al.，2014）。

（一）农业产出方程回归结果分析

水土流失对采用农户的农业产出产生了显著的负面影响。在保持其他因素不变的前提下，水土流失对玉米单产具有 10％的负向显著影响，说明水土流失越严重，越能降低玉米的单产。对于采用水土保持技术的农户和未采用水土保持技术的农户来说投入要素具有正向影响，并且通过了 1％的显著性检验，这不难理解。在保持其他因素不变，投入要素对玉米单产都具有 1％的显著正向影响。对于采用水土保持技术的农户和未采用水土保持技术的农户来说耕地面积具有正向影响，耕地面积越大，农户更加依赖农业，规模效应明显，会提高农户的积极性，越能增加农业产出。加入合作社正向影响未采用水土保持技术的农户的农业产出，合作社经常对农户的农业生产技术进行培训，农户能够更加有效地从事农业生产，提高作物产量。户主年龄负向影响采用水土保持技术的农户的农业产量，年龄越大，思想会相对保守，不利于生产效率的提高，因此，作物产量越低。

（二）处理效应分析

利用式（16-8）、式（16-9）计算农户水土保持技术采用行为对农业产出的处理效应，估计结果见表16-5。

表16-5　农户水土保持技术采用行为对农业产出的平均处理效应

	采用	未采用	ATT	ATU
玉米产量（斤/亩）取对数				
采用农户	(a) 7.110 3	(c) 6.966 9	0.143 3***	—
未采用农户	(d) 7.480 1	(b) 6.573 2		0.906 8***

注：ATU表示未采用水土保持技术农户对应的平均处理效应。ATT表示采用水土保持技术农户对应的平均处理效应。***表示在1%的水平上显著。

表中（a）表示农户实际采用水土保持技术的期望产出结果，与公式（16-4）相对应，（b）表示农户实际未采用水土保持技术的期望产出结果，与公式（16-5）相对应。反事实假设结果由（c）（d）分别表示，与公式（16-6）和（16-7）相对应。表16-5中最后一列表示农户水土保持技术采用行为对农业产出的平均处理效应，通过了1%的显著性检验。在考虑反事实假设下，当未采用水土保持技术农户采用水土保持技术时，亩均农业产量将增加0.906 8（12.12%），当采用水土保持技术农户未采用水土保持技术时，亩均农业产量将下降0.143 3（2.01%）。这说明，农户水土保持技术能够增加农业产出。假设H16-1得到验证。

（三）经济效应稳健性检验

进一步检验上述结果的稳健性，农户农业产出模型的参数估计采用最小二乘法（OLS），模型估计结果见表16-6。关键变量的回归结果与前文的研究结论一致，即采用水土保持技术有助于农户农业产出增加。

表 16 - 6　稳健性检验

变量	农业产出模型
水土流失	−0.013** （0.007）
水土保持技术采用	0.232** （0.099）
其他变量	已控制
F - values	7.58
Prob>F	0.000 0
Adjust R^2	0.236 9

注：** 代表5%水平显著。

运用软件 Stata14.0 进行倾向得分的 Logit 模型估计，估计结果见表 16 - 7。

表 16 - 7　倾向得分的 Logit 模型估计结果

变量	系数	标准误
年龄	−0.445 3***	0.108 2
教育	−0.125 4	0.099 7
性别	0.217 1	0.530 3
耕地面积	0.174 9***	0.019 4
农用机械	0.204 3	0.172 5
生态认知	0.188 1**	0.088 2
社会信任	0.194 2**	0.092 8
政府支持	0.462 3*	0.254 9
Cons	0.096 5	0.868 6
Log likelihood	−364.974 03	
Prob>chi^2	0.000 0	
LR chi^2 （8）	240.75	
Pseudo R^2	0.248 0	

注：* 代表10%水平显著，** 代表5%水平显著，*** 代表1%水平显著。

这里因变量是农户是否采用水土保持技术，自变量是农户资本禀赋和政府支持等变量，估计结果见表 16 - 7。关键变量的回归结果与前文的研究结论一致，说明结果具有稳健性。

使用 Stata14.0 统计软件，通过 PSM 方法的核对匹配过程，估计农户采用水土保持技术平均处理效应（ATT），来评价农户采用水土保持技术效果，结果见表 16-8。

表 16-8 水土保持技术平均处理效应

水土保持技术采用	估计系数	标准误差	Z 值
ATU	0.428 4***	0.04	10.35
ATT	0.485 2***	0.07	6.93
ATE	0.468 3***	0.05	9.07

注：*** 表示在 1% 的水平上显著。ATE 表示从总体中随机抽取某个体的期望处理效应，ATU 表示未参与者的平均处理效应，ATT 表示与对照组平均处理效应。

ATT=0.485 2，表示采用水土保持技术的农户比未采用水土保持技术农户农业产出高出 7.53%，即采用水土保持技术一定程度上能够增加玉米亩均产出。

五、农户水土保持技术采用的生态效应结果与分析

使用 Stata14.0 统计软件，运用有序 Probit 模型检验水土保持技术采用的生态效应，模型估计结果见表 16-9。

表 16-9 农户水土保持技术的生态效应回归结果

	系数	标准误
年龄	−0.093 8	0.072 9
受教育程度	−0.029 4	0.066 4
性别	0.205 8	0.358 0
是否兼业	0.105 7	0.127 3
劳动力数量	−0.071 5*	0.042 6
工具种类	0.099 8	0.887 0
农用机械数量	0.181 6	0.119 7
耕地面积	0.028 7***	0.006 4
农业收入占比	0.055 9	0.056 3
相互信任	0.289 1***	0.068 7
相互帮助	0.284 7***	0.070 3

（续）

	系数	标准误
政府支持	0.468 5**	0.187 6
生态补偿政策认知	0.289 9***	0.104 8
LR chi^2 (13)	140.07***	
Pseudo R^2	0.058 1	
Log likelihood	−1 135.648	

注：* 代表 10% 水平显著，** 代表 5% 水平显著，*** 代表 1% 水平显著。

劳动力数量在生态效应回归模型中通过了 10% 的显著性检验，且系数为负。随着城镇化的发展，农户兼业化程度高，劳动力多的家庭也倾向出去务工，农户家庭的主要收入来源于非农行业，因此对农业生产没有特别重视，因此会影响其采用水土保持技术的积极性，导致改善生态环境效果有所下降。生态效应回归模型中耕地面积通过了 1% 的正向显著性检验。大规模生产农户可能更倾向于采纳水土保持技术，规模相对较大的农户可能积极性更高。规模越大采用水土保持技术的生态效应越明显，因此，耕地面积越大的农户，其水土保持技术生态环境改善效果评价越高。相互信任在生态效应回归模型中影响系数为正，并在 1% 的水平上显著。相互帮助在生态效应回归模型中影响系数为正，并在 1% 的水平上显著。该结果说明，社会资本积累越多，农户获取信息的渠道越广，对水土保持技术越了解，越会采用水土保持技术，采用水土保持技术的生态效果越好。政府支持在生态效应回归模型中影响系数为正，并在 5% 的水平上显著。表明政府支持对生态效应具有正向影响，因为，政府支持程度越高，农户越有动力采纳水土保持技术，改善生态环境效果越明显。生态补偿政策认知在生态效应回归模型中通过了 1% 的显著性检验，且系数为正。表明农户对生态补偿政策认知程度越高，农户采用水土保持技术的动力越足，生态环境改善效果越好。

六、本篇小结

本篇主要探究了农户水土保持技术采用的经济效应和生态效应。首先，将水土保持技术采用行为与农业产出纳入同一分析框架实证分析并揭示农户水土保持技术采用行为的影响因素与行为的成效评估，运用内生转换模型，引入工具变量，克服水土保持技术采用行为与农业产出之间存在的内生性问题，同时分析农户水土保持技术采用行为的影响因素及其对农业产出的影响。运用了"反事实"，评估水土保持技术采用行为的平均处理效应，尽可能准确地估计行为对农业产出的真正影响，进而避免提出误导性的政策建议。运用有序 Probit 模型，实证分析水土保持技术采用的生态效应。主要研究结论如下。

（1）水土保持技术具有显著的经济效应。水土保持技术能够增加农业产出。基于"反事实"假设，未采用水土保持技术的农户若采用水土保持技术，其亩均产出会增加 0.906 8（12.12%），采用水土保持技术的农户若未采用水土保持技术，其亩均产出会下降 0.143 3（2.01%）。

（2）水土保持技术具有显著的生态效应。耕地面积越大、相互信任和相互帮助程度越高、政府支持程度越高的农户对技术的生态效果评价越好。

第十篇

研究结论与政策建议

本书基于资本禀赋和政府支持双重视角，重点探讨了两者对农户水土保持技术采用行为的影响。第四篇对资本禀赋和政府支持进行测度与特征分析，并结合农户水土保持技术采用行为进行描述性统计分析；第五、六、七、八、九则按照技术认知→技术采用决策→技术选择行为→技术采用程度→技术持续采用→技术采用效应的思路展开，并分别从理论和实证层面分析了资本禀赋和政府支持对农户水土保持技术采用的影响作用与路径。在对前文研究结论进行总结的基础上，本篇将有针对性地提出促进农户水土保持技术采用、优化现有农业技术推广模式的政策建议，同时结合本书研究不足对未来研究方向进行展望。

第十七章　研究结论与政策建议

　　本研究依据农户农业技术采用行为理论、可持续生计能力理论、外部性理论、公共产品理论和生态补偿理论等多种理论的指导，在系统地综述国内外相关研究成果的基础上，基于陕西、甘肃和宁夏两省一区 1 152 户农户实地调研数据及资料，引入资本禀赋和政府支持两个核心变量，通过多种计量经济模型与分析方法的运用实证分析了资本禀赋和政府支持对水土保持技术采用行为的影响，并对水土保持技术的效应进行评价，提出优化农业技术推广方式、促进水土保持技术扩散的政策建议。根据本书理论研究与实证分析的结果，主要得到以下研究结论。

一、研究结论

（一）农户水土保持技术采用情况

　　通过调研数据，对样本区域内水土保持技术认知、采用情况和政府支持情况进行了描述性统计分析，进而发现目前样本区域内水土保持技术推广和采用所存在的问题。结果发现：

1. 农户水土保持技术认知情况

　　对于"水土保持措施能够增加农业产量吗？"，有 4.6％的样本农户表示没有作用，10.33％的农户表示作用较小，31.51％的农户表示一般，39.67％的农户表示作用较大，13.89％的农户表示作用非常大。对于"水土保持措施能够增加农民收入吗？"，有 5.73％的样本农户表示没有作用，10.33％的农户表示作用较小，35.16％的农户表示一般，36.28％的农户表示作用较大，12.5％的农户表示作用非常大。对于"水土保持措施能够改善生态环境吗?",有 0.69% 的样本农户表示没有作用,5.38% 的农户表示作用较小,28.73% 的农户表示一般,45.75% 的农户表示作用较大,19.44% 的农户表示作用非常大。

2. 农户水土保持技术采用情况

63.63% 的样本农户采用了工程类水土保持技术,54.08% 的样本农户采用生物类技术,20.92% 的样本农户采用耕作类技术,可见水土保持技术采用率比较低;45.75% 的农户采纳一种,29.34% 的农户采纳两种,11.37% 的农户采纳三种,13.54% 的农户一种没有采纳,可见农户水土保持技术采用程度比较低。其中,66.57% 的农户表示会持续采用水土保持技术。

3. 农户水土保持技术采用存在的问题

样本区域水土保持技术推广和采用方面存在农户对水土流失的风险感知不足,农户水土保持技术认知有限,水土保持技术采用率有待提高,政府支持有待提高等问题。

(二) 农户资本禀赋和政府支持特征

首先,测算了资本禀赋及其各资本维度指数,并对农户资本禀赋的基本情况进行描述性统计分析。其次,选取了政府宣传、政府推广、政府组织、政府投资、政府补贴 5 个方面表征指标对政府支持进行测度。主要研究发现如下。

1. 资本禀赋测度结果

通过对农户资本禀赋进行测度的结果来看,农户的资本禀赋异质性较大,综合资本均值为 5.666,而最低值为 3.461,最高值为 9.041。比较农户五大资本均值:社会资本禀赋 (1.622) >人力资本禀赋 (1.215) >物质资本禀赋 (1.213) >金融资本禀赋 (0.809) >自然资本禀赋 (0.805),最高与最低值之间相距 0.817 个单位。极差方面,物质的极差最小,为 1.883,金融资本最大,为 2.688,说明农户之间分化比较大。对于资本禀赋总指数,46.96% 样本农户属于强资本型,53.04% 样本农户属于弱资本型。对于五大资本,65.42% 样本农户属于弱自然资本禀赋型,34.58% 样本农户属于强自然资本禀赋型,差距较大;人力资本禀赋方面强弱分布比较均匀。不同地区农户资本禀赋及其各个资本维度的平均值差异明显,且各个资本构成差异显著。此外，农户资本禀赋各个构成资本在不同地区之间差异也较为明显。从资本禀赋结构来看，首先，社会资本禀赋占优型农户最多，为247个，占比64.91%。其次是物质资本禀赋占优型农户，有172个，占到总数的14.93%，人力资本禀赋占优型农户，有142个，占到12.33%，自然资本禀赋占优型有17人，比例为1.48%，只有5人属于金融资本禀赋占优型，比例为0.43%。

2. 资本禀赋特征分析

在对比分析水土保持技术采用户和未采用户的资本禀赋状况时发现，水土保持工程技术采用户在资本禀赋总指数和各维度上的均值均大于未采用工程技术的农户，对于物质资本禀赋、自然资本禀赋、社会资本禀赋来说，水土保持生物技术采用户的均值均大于未采用生物技术的农户。水土保持耕作技术采用户的物质资本禀赋、自然资本禀赋、金融资本禀赋、社会资本禀赋和资本禀赋总指数均值均大于未采用耕作技术的农户。

3. 政府支持情况

46%的农户表示政府开展过水土保持措施相关的宣传活动，38%的农户表示政府开展过水土保持措施相关的推广活动，65%的农户表示政府对水土保持措施进行过投资，64%的农户表示政府组织过实施水土保持措施，64%的农户表示政府对实施水土保持措施进行补贴。

4. 政府支持特征分析

通过对比水土保持技术采用户和未采用户的政府支持情况，在政府宣传、政府推广、政府组织、政府投资、政府补贴五个方面，对于工程技术、生物技术、耕作技术，采用户的政府支持均高于未采用户，这也从侧面反映出政府支持对农户技术采用具有促进作用。

（三）资本禀赋和政府支持对农户水土保持技术认知的影响

利用黄土高原地区陕西、甘肃和宁夏两省一区1 152个农户调查数据，运用Ordinal Probit模型定量分析资本禀赋和政府支持各影响因素对农民水土保持技术的增产价值认知、增收价值认知、生态价值认知的影响，主要结论如下。

1. 资本禀赋是影响农户水土保持技术认知的重要因素

资本禀赋总指数对农户水土保持技术增产价值认知和增收价值认知具有促进作用。人力资本禀赋、自然资本禀赋、金融资本禀赋、社会资本禀赋对农户水土保持技术增产价值认知具有重要影响。自然资本禀赋和社会资本禀赋对农户水土保持技术增收价值认知具有促进作用。人力资本禀赋和社会资本禀赋对农户水土保持技术生态价值认知具有重要影响。具体来说，人力资本禀赋中受教育程度对农户水土保持技术增产价值认知负向显著影响，劳动力数量对农户水土保持技术增产价值认知和生态价值认知负向显著影响。物质资本禀赋中住房类型对农户水土保持技术增产价值认知和增收价值认知都具有负向显著影响。农用机械数量对农户水土保持技术增收价值认知正向显著影响。自然资本禀赋中耕地面积对农户水土保持技术增产价值认知和增收价值认知正向显著影响。社会资本禀赋中相互信任和相互帮助对农户水土保持技术增产价值认知、增收价值认知和生态价值认知都具有正向显著影响。

2. 政府支持对农户水土保持技术认知具有重要的促进作用

政府支持对农户水土保持技术增产价值、增收价值和生态价值认知都具有显著的正向影响。

3. 其他变量的影响

生态认知、生态补偿政策认知正向影响农户水土保持技术增产价值、增收价值和生态价值认知。

（四）资本禀赋和政府支持对农户水土保持技术采用决策的影响

利用 2016 年黄土高原地区陕西、甘肃和宁夏的 1 152 户农户调查数据，运用双变量 Probit 模型分析资本禀赋和政府支持对农户水土保持技术采用决策的影响，得到以下结论：

1. 技术认知对技术采用决策的影响

农户对水土保持技术的认知及其采用决策之间存在一定的互补效应，即农户对水土保持技术的认知对其采用决策具有积极影响。

2. 资本禀赋的影响

物质资本禀赋对农户水土保持技术采用决策具有正向显著性影响。自然资本禀赋对农户水土保持技术采用决策具有正向显著影响。金融资本禀赋对农户水土保持技术采用决策具有负向显著影响。农用机械数量对农户水土保持技术采用决策具有正向显著影响。自然资本禀赋中林地面积对农户水土保持技术采用决策具有促进作用。金融资本禀赋中年总收入对农户水土保持技术采用决策具有负向显著影响。社会资本禀赋中相互信任正向影响农户水土保持技术采用决策。

3. 政府支持的影响

政府支持正向影响农户水土保持技术采用决策。政府支持在物质资本、自然资本和金融资本与农户水土保持技术采用决策的关系中具有正向调节效应。

4. 其他变量的影响

生态认知和生态补偿政策认知对农户水土保持技术采用决策具有正向影响。

（五）资本禀赋和政府支持对农户水土保持技术实际采用的影响

运用黄土高原陕甘宁两省一区 1 152 户农户的调查数据，得出以下结论。

1. 资本禀赋和政府支持对农户水土保持工程技术采用的影响

资本禀赋总指数、自然资本禀赋对农户采用水土保持工程技术具有正向促进作用。具体来说，人力资本禀赋中是否兼业、金融资本中年总收入对农户对水土保持工程技术的采用具有负向作用。自然资本禀赋中耕地面积、物质资本禀赋中农用机械数量、社会资本禀赋中相互信任、金融资本禀赋中是否借贷、生态补偿政策认知、政府支持、生态认知和技术认知对水土保持工程技术的采用具有正向促进作用。政府支持在自然资本禀赋、金融资本禀赋、社会资本禀赋影响农户采用水土保持工程技术中发挥着正向调节作用。

2. 资本禀赋和政府支持对农户水土保持生物技术采用的影响

资本禀赋、金融资本禀赋对水土保持生物技术的采用具有负向作用。物质资本禀赋对水土保持生物技术的采用具有正向促进作用。具体来说，物质资本禀赋中农用机械数量和住房类型、自然资本中林地面积、社会资本禀赋中相互信任、政府支持、生态补偿政策认知对水土保持生物技术的采用具有正向促进作用。自然资本禀赋中耕地面积、金融资本禀赋中年总收入对水土保持生物技术的采用具有负向作用。在人力资本禀赋、物质资本禀赋、自然资本禀赋、金融资本禀赋对农户采用水土保持生物技术的影响中政府支持具有正向调节效应。

3. 资本禀赋和政府支持对农户水土保持耕作技术采用的影响

资本禀赋、自然资本禀赋、金融资本禀赋对水土保持耕作技术的采用具有正向促进作用。具体来讲，物质资本禀赋中农用机械数量、自然资本禀赋中耕地面积、金融资本中是否借贷、政府支持、生态补偿政策认知、生态认知对水土保持耕作技术的采用具有正向促进作用。物质资本禀赋中住房类型对水土保持耕作技术的采用具有负向作用。在物质资本禀赋、自然资本禀赋、金融资本禀赋对农户采用水土保持耕作技术的影响中政府支持具有正向调节效应。

4. 资本禀赋和政府支持对农户水土保持技术采用程度的影响

整套采用水土保持技术体系的农户比例很小，其中，对工程类技术和生物类技术的采用率较高，而耕作类技术的采用率较低。资本禀赋、物质资本禀赋、自然资本禀赋、金融资本禀赋、政府支持、生态认知对水土保持技术采用程度具有正向促进作用。具体来说，自然资本禀赋中耕地面积和林地面积、物质资本禀赋中农用机械数量、社会资本禀赋中相互信任、金融资本禀赋中是否借贷对农户水土保持技术采用程度具有显著的正向作用。在物质资本禀赋、自然资本禀赋和金融资本禀赋对农户水土保持技术采用程度的影响中政府支持具有正向调节效应。

（六）资本禀赋和政府支持对农户水土保持技术持续采用的影响

选取样本中已采用水土保持技术的农户为研究对象，考察持续采用问题，主要有以下结论。

1. 资本禀赋的影响

资本禀赋对农户水土保持技术持续采用意愿具有正向影响。社会资本禀赋中相互信任、自然资本禀赋以及耕地面积对农户水土保持技术持续采用意愿具有正向影响。金融资本禀赋中总收入对农户水土保持技术持续采用意愿具有负向作用。

2. 政府支持的影响

政府支持对农户水土保持技术持续采用意愿具有正向影响。

（七）农户水土保持技术采用的效应

运用内生转换模型，评估水土保持技术采用行为的平均处理效应。最后，以农户对水土保持技术生态效果的主观评价为基础，运用有序 Probit 模型，实证分析水土保持技术采用的生态效应。主要研究结论如下。

1. 水土保持技术具有显著的经济效应

水土保持技术能够增加农业产出。基于反事实假设，采用水土保持技术的农户若未采用相应的水土保持技术，其亩均产出将下降 0.143 3（2.01%）；未采用水土保持技术的农户若采用相应的水土保持技术，其亩均产出将增加 0.906 8（12.12%）。

2. 水土保持技术具有显著生态效应

水土保持技术能够改善生态环境。

二、政策建议

上述研究结论表明，水土流失对农户农业产出的影响较为明显，同时农户水土保持技术行为具有经济效应和生态效应，但整体上农户适应水土流失变化的水平较低，水土保持技术采用率不高，造成这种状态的主要原因是农户在采用水土保持技术过程中受到内部人力资本禀赋（HC）、自然资本禀赋（NC）、物质资本禀赋（MC）、社会资本禀赋（SC）、金融资本禀赋（FC）等资本禀赋匮乏的制约，以及政府支持不足等外部约束。因此，将农户水土保持技术采用过程中面临的资本禀赋、政府支持制约，结合相关结论，提出促进农户采用水土保持技术的对策建议。

（一）重视宣传教育、增强农户水土保持意识

加强水土流失治理的教育和宣传力度。水土保持技术的宣传教育，是促

进农户采用水土保持技术的重要手段。随着工业化、城镇化的快速发展，农村劳动力大量转移，农业老龄化、兼业化现象明显。一般来说，目前种地农户年龄偏大，文化水平低，接受新事物慢，不善于经营。因此，应该利用各种方式开展水土保持技术知识教育，将可持续农业生产相关知识教育纳入常规性工作中。利用多种形式提高农民自身受教育水平和素质，增强其对水土保持技术的价值认知和观念转变，使农户充分了解实施水土保持技术的效果和优势。为使农户充分认识到水土流失的危害性和治理的紧迫性，充分发挥新闻媒体作用，通过电视、广播、报纸等传统媒体，手机短信、微信、互联网等现代化媒介，不断向农民宣传水土流失的危害和保护生态环境的重要性，加深农户对水土流失的危害性的认识，提高其保护生态环境的意识，并将其转化成行为。为使农户充分认识到水土保持技术在提高作物产量、增加农户收入和改善农业生态环境中的重要作用，充分发挥新闻媒体作用，通过电视、广播、报纸等传统媒体，手机短信、微信、互联网等现代化媒介，不断对其进行宣传。利用一切宣传工具，在全国展开大规模的宣传教育活动。重点加强可持续的环境友好型农业技术相关知识的教育和培训，加强舆论引导展示水土保持技术给农户带来的实际好处，尤其是强化水土保持技术在农村发展、农民增收等方面价值性的宣传，提高农民对水土保持技术的价值认知。

（二）提高农户的资本禀赋

根据本文的实证分析所得出的结论可以看出，资本禀赋的水平对农户行为具有重要的影响。丰富农户的资本禀赋，突破农户采用水土保持技术的禀赋约束。

1. 促进土地流转，增加自然资本

对于自然资本较为匮乏的农户，应当鼓励农户土地进行流转，进行适度规模经营。目前我国农户拥有的土地规模普遍偏小，这在一定程度上制约了技术的采纳。大规模生产农户可能更倾向于采纳水土保持技术，规模相对较大的农户可能积极性更高。对于一些长期在外打工的农户，鼓励其土地进行流转，转入种植大户手中。促进土地流转，扩大农户土地规模，进行规模经营，促进水土保持技术采用行为。在劳动力转移的趋势下，引导兼业程度高

的农户的土地向纯农户和兼业程度低的农户流转，以此提高农户水土保持技术采纳行为。

2. 强化教育，提高人力资本

应该加大对农民的培训，提高农户的素质。增加农业新技术培训。通过调研发现，目前从事农业生产的农户年龄较大，受教育水平较低，接受新事物比较慢，因此，可以充分利用农业职业技术学院等对农户进行技术培训，提高其认知能力。在老龄化的趋势下，可以针对这一群体进行技术培训，促进其采纳水土保持技术。

3. 加强金融支持，增加农户金融资本

各类金融机构尤其是涉农金融机构应该加大对农户的金融支持，多渠道地解决农民融资难题。同时，对民间金融组织进行规范，发挥其对正规金融组织的补充作用。完善县域金融机构对"三农"支持的长效机制，满足农户采用农业新技术的信贷需求。

4. 丰富农户的物质资本

加大对农用机械工具的补贴力度，分担农户购买农用机械的成本，促进农户购买，以此提高农业生产效率。完善社会化服务，弥补农户物质资本的短缺。

5. 加强社会网络，增加农户社会资本

社会资本对农户的水土保持技术采用行为产生重要影响。因此，应该积极培育各种合作组织，增强不同组织、群体之间的联系，扩展农户的社会网络。提升农户的社会资本，增强农户之间的信任水平。拓宽农户的信息获取渠道，提高农户的信息化水平。以此提高农户对水土保持技术的价值认知程度，进而促进农户采用水土保持技术。通过关系网络中农户对技术的相互交流来提高农户对技术的认知，农户之间相互交流水土保持技术的好处，进而促进技术采用。

（三）完善水土保持生态补偿机制

水土流失的负外部性、水土保持技术的正外部性，使得市场处于"失灵"状态，进而导致难以通过市场机制完全实现水土保持的经济价值、社会价值和生态价值。由于采用水土保持技术所带来的社会价值和生态价值，被社会中其他人无偿享有，而非被积极采用水土保持技术的农户单独享有，因此，在没有补贴等政策的激励的作用下，农户缺乏采用水土保持技术的动力和积极性。农户的边际私人成本和边际社会成本不相等，农户的边际私人收益和边际社会收益不相等，在社会收益大于农户边际私人收益时，针对外部性带来的市场低效率问题，主要通过征税、补贴、企业合并和谈判等方式将外部性内部化，对于农业生产的正外部性来说补贴是最适用的方法。自然资源与环境经济学理论表明，要弥补水土保持技术采用"市场失灵"，顺利实现水土保持技术的经济价值、社会价值和生态价值，提高农户采用水土保持技术的积极性，一种行之有效的方法是通过生态补偿的方式，将水土流失的负外部性内部化或将水土保持技术的正外部性内部化。对积极采用水土保持技术的农户予以适当的政策补贴，加大生态补偿力度，提高农户采用水土保持技术的积极性，减少水土流失。要充分考虑水土保持技术的成本与收益，有必要补偿采用水土保持技术的农户。进行一定的政府投资以此吸引社会投资，不断完善水土保持补偿机制，加大补偿力度，进一步提高农户采用水土保持技术的积极性。加大生态补偿力度，通过政府补贴为农户采用水土保持技术提供财政支持，增加农户采用水土保持技术的比较收益，提高农户对生态补偿政策的满意度，进一步提高农户采用水土保持技术的积极性。农户对水土保持技术的经济价值认知程度居于末位，说明了农户对采用水土保持技术的成本担忧。作为一项具有外部性的技术，要实现经济价值、环境价值、社会价值的统一，需要政府部门加强对农户的补贴，为农户分担成本，解决资金约束。政府需要加大政府支持力度，对水土保持技术加强宣传和推广，进行一定的政府投资以此吸引社会投资，不断完善水土保持补偿机制，加大补偿力度，进一步提高农户采用水土保持技术的积极性。

黄土高原地区是我国重要的生态保护区、建设区和生态屏障区。对黄土高原地区进行水土保持，其影响和意义对未来是深远的。国家应针对不同区域建立不同的生态补偿机制。一般来说，生态补偿涉及社会公平问题，一部分人多占了环境资源，另一些人占有的比较少，国家通常采用生态补偿在他们之间进行平衡和调整。为了构建和谐社会、促进社会公平、解决好东西部、上下游的利益关系，在经济建设和市场交换中体现生态价值，国家应该对生态保护贡献者给予补偿，以此增加落后地区的发展能力，形成造血机能与自我发展机制，通过外部补偿转化为自我积累能力和自我发展能力。

让农户采用水土保持技术治理水土流失，不给一定的补偿，农户行为是很难持续的。因此，需要建立适合的生态补偿机制，使农户的水土保持行为得以持续发展。

（四）加强水土保持技术推广服务

水土保持技术具有较强的专业性。因此，农技部门需要有针对性地进行宣传和培训。不断对农户培训各种农业新技术，需要对不同资本禀赋农户进行针对性的培训指导。完善基层农业技术推广体系，使水土保持技术真正能够发挥其在提高粮食产量、增加农民收入、改善生态环境中的作用。农业技术推广部门不仅要引导未采用的农户采用水土保持技术，更要促进农户采用多种水土保持技术。政府在对技术进行推广过程中，应该拓宽农户的社会网络，使农户能够充分利用社会网络组织中党员、村干部、农业专业合作社等资源，促进技术采用。

完善政府推广服务体系。通过调研可以发现，政府推广服务仍然是农户获取水土保持技术服务的主要信息渠道之一，可见，其在促进水土保持技术的扩散方面发挥着重要作用。因此，需要完善和强化基层政府农技推广服务体系建设，改革和完善现有服务体系，不断探索创新性的技术服务机制，建立以农户需求为中心的政府推广服务体系，进而提升技术推广服务效率。需要进一步加强农技推广服务方面的人才建设，壮大农技推广服务队伍，提高推广服务人员专业素质，要提高推广服务的覆盖率，使农技推广人员与尽可能多的农户衔接，应该加快水土保持技术的研发、推广与示范。

创新政府技术推广服务方式。通过调研发现，我国目前农业推广方式比较单一，主要是政府通过政策指令性进行项目推广，农户往往处于被动状态，参与度不高，进一步导致农户技术需求不被重视、政府推广服务效率低下。近年来，随着网络信息技术手段的不断发展，可以综合运用田间示范、组织培训、提供咨询，或者利用书籍、电视、广播等传统媒体和手机、互联网等新兴媒体直接或间接向农户传播新技术。另外，应该建设技术推广服务的市场，使其提供更多多元化、开放性强且能够满足农户需求的技术推广服务。

（五）完善农户参与水土流失治理的监督机制

在水土流失治理过程中，可能会存在搭便车行为，因此需要完善农户参与水土流失治理的监督机制，使农户之间进行相互的监督，对农户的这种行为进行约束，减少农户的不道德行为，进而使水土流失的治理绩效得到提高。对于严重的水土破坏行为，需要进行相应的处罚，形成防治水土流失、人人有责的局面。充分发挥手机和互联网等新媒介在水土流失治理中的监督功能。对破坏水土资源、违法占地等行为进行报道，使人人形成水土保持的观念。

三、研究局限与研究展望

本研究产生了一系列的研究结论，还提出了相关建议，丰富了现有研究。然而，本研究还存在以下问题有待进一步完善。

（一）由于时间和能力有限，未能获取面板数据样本

掌握农户资本禀赋和水土保持技术采用的时空变化规律是研究资本禀赋和水土保持技术采用的基础与前提。由于水土流失是长期变化过程，缺乏对农户长期的跟踪调查，很难对农户水土保持技术采用行为的动态变化进行深入研究，限制了对农户水土保持技术采用行为的理解，无法深入研究技术扩散等方面的问题。因此，对农户进行动态监测，获取农户资本禀赋、政府支持和水土保持技术采用的长时间序列、连续的变化数据，对农户水土保持技术采用行为的深入解析，是今后需要深入研究的重要方向。

（二）充分考虑各种影响因素

农户采用水土保持技术受到多种因素的影响，各种因素还可能交织地产生影响，本书主要从资本禀赋和政府支持两个角度来考察对其的影响，可能存在遗漏的情况，可能还有一些重要的因素没有考虑到，因此，接下来，可以考虑其他因素的影响。

（三）注重单一技术采用，忽略了农户采用的不同水土保持技术之间的关系

本书在研究农户水土保持技术选择时，注重单一技术采用，忽略了农户采用的不同水土保持技术之间的关系。由于在实际生产过程中，多项农业技术的集成和综合应用已成为农业技术推广及采用的一种新趋势，农户在决定采用某种水土保持技术时可能会受到其他水土保持技术的影响，也就是说这些水土保持技术之间存在着某种程度的关联关系，可能是互补关系也可能是替代关系，因此这是接下来需要研究的问题。

（四）没有研究水土保持技术采用对资本禀赋的影响

资本禀赋和水土保持技术采用能够相互作用和相互影响。资本禀赋性质和状况的变化会导致农户水土保持技术采用的变化，而农户水土保持技术采用的变化又反作用于资本禀赋，影响资本禀赋的性质和状况。本书只是研究了资本禀赋对水土保持技术采用的影响，而没有研究水土保持技术采用对资本禀赋的影响。因此，全面揭示农户资本禀赋和水土保持技术采用的关系，是以后研究的方向。

（五）没有对水土保持技术采用的社会效应和综合效应进行研究

利用自主设计的量表和访谈提纲，以驻村调查的方式收集数据，分析水土保持技术采用的社会效应和综合效应，是以后研究的方向。

埃莉诺·奥斯特罗姆，2003. 社会资本：流行的狂热抑或基本的概念？龙虎，译. 经济社会体制比较（02）：26 - 34.

鲍文，2010. 浅析水土流失与土壤侵蚀［J］. 湖南水利水电（01）：42 - 43.

班杜拉，2001. 想和行动的社会基础：社会认知论［M］. 林颖，译. 上海：华东师范大学出版社.

毕茜，陈赞迪，彭珏，2014. 农户亲环境农业技术选择行为的影响因素分析：基于重庆336 户农户的统计分析［J］. 西南大学学报（社会科学版），40（06）：44 - 49，182.

蔡键，2013. 不同资本禀赋下资金借贷对农业技术采纳的影响分析［J］. 中国科技论坛，1（10）：93 - 98.

蔡荣，蔡书凯，2012. 保护性耕作技术采用及对作物单产影响的实证分析：基于安徽省水稻种植户的调查数据［J］. 资源科学，34（9）：1705 - 1711.

蔡荣，汪紫钰，刘婷，2018. 节水灌溉技术采用及其增产效应评估：以延津县318 户胡萝卜种植户为例［J］. 中国农业大学学报，23（12）：166 - 175.

陈强，2014. 高级计量经济学及 Stata 应用［M］. 北京：高等教育出版社.

陈儒，姜志德，2018. 农户对低碳农业技术的后续采用意愿分析［J］. 华南农业大学学报（社会科学版），17（02）：31 - 43.

陈玉萍，吴海涛，陶大云，等，2010. 基于倾向得分匹配法分析农业技术采用对农户收入的影响：以滇西南农户改良陆稻技术采用为例［J］. 中国农业科学，43（17）：3667 - 3676.

陈治国，李红，刘向晖，等，2015. 农户采用农业先进技术对收入的影响研究：基于倾向得分匹配法的实证分析［J］. 产经评论（03）：140 - 150.

陈志刚，黄贤金，卢艳霞，等，2009. 农户耕地保护补偿意愿及其影响机理研究［J］. 中国土地科学，23（06）：20 - 25.

陈玲，翟印礼，2014. 农户参与退耕还林行为影响因素的实证分析：基于朝阳市和彰武县地区的调查［J］. 林业经济问题，34（04）：350 - 356.

褚彩虹，冯淑怡，张蔚文，2013. 农户采用环境友好型农业技术行为的实证分析：以有机肥与测土配方施肥技术为例 [J]. 中国农村经济 (3)：68 - 77.

储成兵，李平，2013. 农户对转基因生物技术的认知及采纳行为实证研究：以种植转基因 Bt 抗虫棉为例 [J]. 财经论丛 (01)：83 - 87.

崔嵩，周振，孔祥智，2015. 父母外出对留守儿童营养健康的影响研究：基于 PSM 的分析 [J]. 农村经济 (2)：103 - 108.

崔惠斌，庄丽娟，王楷洁，2016. 先进技术采用有效改善了农户的收入水平吗？：来自荔枝主产区的证据 [J]. 农林经济管理学报 (05)：515 - 523.

邓祥宏，穆月英，钱加荣，2011. 我国农业技术补贴政策及其实施效果分析：以测土配方施肥补贴为例 [J]. 经济问题 (05)：79 - 83.

邓正华，张俊飚，许志祥，2013. 农村生活环境整治中农户认知与行为响应研究：以洞庭湖湿地保护区水稻主产区为例 [J]. 农业技术经济 (2)：72 - 79.

杜晓丽，2016. 石家庄高新区创新能力评价研究 [D]. 石家庄：河北科技大学.

丰军辉，何可，张俊飚，2014. 家庭禀赋约束下农户作物秸秆能源化需求实证分析：湖北省的经验数据 [J]. 资源科学 (03)：530 - 537.

冯晓龙，2017. 苹果种植户气候变化适应性行为研究 [D]. 杨凌：西北农林科技大学.

冯晓龙，刘明月，霍学喜，等，2017. 农户气候变化适应性决策对农业产出的影响效应：以陕西苹果种植户为例 [J]. 中国农村经济 (03)：31 - 45.

付仕伟，2011. 昆明市西山区水土保持现状与思考 [J]. 农业技术与装备 (12)：71 - 72.

高启杰，2000. 农业技术推广中的农民行为研究 [J]. 农业科技管理 (01)：28 - 30.

高瑛，王娜，李向菲，等，2017. 农户生态友好型农田土壤管理技术采纳决策分析：以山东省为例 [J]. 农业经济问题，38 (01)：38 - 47，110 - 111.

高圣平，2014. 农地金融化的法律困境及出路 [J]. 中国社会科学，36 (8)：147 - 166.

高照良，李永红，徐佳，等，2009. 黄土高原水土流失治理进展及其对策 [J]. 科技和产业，9 (10)：1 - 12.

葛继红，周曙东，朱红根，等，2010. 农户采用环境友好型技术行为研究：以配方施肥技术为例 [J]. 农业技术经济 (09)：57 - 63.

耿宇宁，郑少锋，陆迁，2017. 经济激励、社会网络对农户绿色防控技术采纳行为的影响：来自陕西猕猴桃主产区的证据 [J]. 华中农业大学学报（社会科学版）(06)：59 - 69，150.

耿宇宁，郑少锋，刘婧，2018. 农户绿色防控技术采纳的经济效应与环境效应评价：基于陕西省猕猴桃主产区的调查 [J]. 科技管理研究，38 (02)：245 - 251.

韩青，2011. 参与式灌溉管理对农户用水行为的影响 [J]. 中国人口·资源与环境（4）：126-131.

何可，张俊飚，2014. 农民对资源性农业废弃物循环利用的价值感知及其影响因素 [J]. 中国人口·资源与环境，24（10）：150-156.

何可，张俊飚，张露，等，2015. 人际信任、制度信任与农民环境治理参与意愿：以农业废弃物资源化为例 [J]. 管理世界（05）：75-88.

何可，张俊飚，2014. 农业废弃物资源化的生态价值：基于新生代农民与上一代农民支付意愿的比较分析 [J]. 中国农村经济（05）：62-73.

何可，2016. 农业废弃物资源化的价值评估及其生态补偿机制研究 [D]. 武汉：华中农业大学.

胡伦，陆迁，2018. 干旱风险冲击下节水灌溉技术采用的减贫效应：以甘肃省张掖市为例 [J]. 资源科学，40（02）：417-426.

胡松，袁芳，王辉文，等，2016. 基于行为分析的农户参与小流域综合治理意愿影响因素研究 [J]. 中国水土保持（12）：29-33.

胡松，2018. 农户参与式生态清洁型小流域综合管理模式研究 [D]. 南昌：江西农业大学

胡元凡，徐秀丽，齐顾波，2012. 社区层面的气候变化脆弱性和适应能力表达：以宁夏盐池县 GT 村为例 [J]. 林业经济（09）：46-54.

侯博，应瑞瑶，2015. 分散农户低碳生产行为决策研究：基于 TPB 和 SEM 的实证分析 [J]. 农业技术经济（02）：4-13.

黄玉祥，韩文霆，周龙，等，2012. 农户节水灌溉技术认知及其影响因素分析 [J]. 农业工程学报，28（18）：113-120.

黄腾，赵佳佳，魏娟，等，2018. 节水灌溉技术认知、采用强度与收入效应：基于甘肃省微观农户数据的实证分析 [J]. 资源科学，40（02）：347-358.

黄晓慧，王礼力，陆迁，2019. 资本禀赋对农户水土保持技术价值认知的影响：以黄土高原区为例 [J]. 长江流域资源与环境，28（01）：222-230.

黄晓慧，王礼力，陆迁，2019. 农户认知、政府支持与农户水土保持技术采用行为研究：基于黄土高原 1 152 户农户的调查研究 [J]. 干旱区资源与环境，33（03）：21-25.

黄晓慧，王礼力，陆迁，2019. 农户水土保持技术采用行为研究：基于黄土高原 1 152 户农户的调查数据 [J]. 西北农林科技大学学报（社会科学版），19（02）：133-141.

贾蕊，陆迁，2018. 土地流转促进黄土高原区农户水土保持措施的实施吗?：基于集体行动中介作用与政府补贴调节效应的分析 [J]. 中国农村经济（06）：38-54.

贾蕊，2018. 集体行动对农户水土保持措施采用影响研究 [D]. 杨凌：西北农林科技大学.

姜天龙，赵娜，2015. 农户清洁生产技术采用行为的影响因素分析：以吉林省水稻种植户为例 [J]. 吉林农业大学学报，37（06）：746-750.

蒋磊，2016. 农户对秸秆的资源化利用行为及其优化策略研究 [D]. 武汉：华中农业大学.

蒋伟，陈晓楠，黄志刚，2018. 半干旱地区农户采用节水灌溉技术的影响因素及收入效应研究：以陕西榆林为例 [J]. 中国农村水利水电（03）：66-71.

靳乐山，郭建卿，2011. 农村居民对环境保护的认知程度及支付意愿研究：以纳板河自然保护区居民为例 [J]. 资源科学，33（1）：50-55.

金莲，王永平，马赞甫，等，2015. 国内外关于生态移民的生计资本、生计模式与生计风险的研究综述 [J]. 世界农业（09）：9-14，251.

邝佛缘，陈美球，鲁燕飞，等，2017. 生计资本对农户耕地保护意愿的影响分析：以江西省587份问卷为例 [J]. 中国土地科学，31（2）：58-66.

邝佛缘，陈美球，鲁燕飞，等，2016. 生计资本差异对农户宅基地流转意愿的影响：基于江西省587份问卷 [J]. 土地经济研究（02）：27-39.

邝佛缘，陈美球，李志朋，等，2018. 农户生态环境认知与保护行为的差异分析：以农药化肥使用为例 [J]. 水土保持研究，25（01）：321-326.

孔祥智，方松海，庞晓鹏，等，2004. 西部地区农户禀赋对农业技术采纳的影响分析 [J]. 经济研究（12）：85-95，122.

赖力，黄贤金，刘伟良，2008. 生态补偿理论、方法研究进展 [J]. 生态学报（06）：2870-2877.

李奋生，2014. 我国农业技术推广中政府行为创新对策 [J]. 科技管理研究，34（04）：11-14.

李广东，邱道持，王利平，等，2012. 生计资产差异对农户耕地保护补偿模式选择的影响：渝西方山丘陵不同地带样点村的实证分析 [J]. 地理学报，67（04）：504-515.

李龙，2018. 黄土高原区水土流失危害及其综合治理措施 [J]. 中国非金属矿工业导刊（S1）：58-59，64.

李曼，陆迁，乔丹，2017. 技术认知、政府支持与农户节水灌溉技术采用：基于张掖甘州区的调查研究 [J]. 干旱区资源与环境，31（12）：27-32.

李曼，2018. 生态补偿政策对不同土地规模农户水土保持技术采用影响研究 [D]. 杨凌：西北农林科技大学.

李敏，张长印，王海燕，2019. 黄土高原水土保持治理阶段研究［J］. 中国水土保持
  （02）：1-4.

李卫，薛彩霞，姚顺波，等，2017. 农户保护性耕作技术采用行为及其影响因素：基于
  黄土高原476户农户的分析［J］. 中国农村经济（1）：44-57，94-95.

李莎莎，朱一鸣，马骥，2015. 农户对测土配方施肥技术认知差异及影响因素分析：基
  于11个粮食主产省2 172户农户的调查［J］. 统计与信息论坛，30（7）：94-100.

李晓平，谢先雄，赵敏娟，2018. 资本禀赋对农户耕地面源污染治理受偿意愿的影响分
  析［J］. 中国人口·资源与环境（07）：93-101.

李想，2014. 粮食主产区农户技术采用及其效应研究［D］. 北京：中国农业大学.

李然嫣，陈印军，2017. 东北典型黑土区农户耕地保护利用行为研究：基于黑龙江省绥
  化市农户调查的实证分析［J］. 农业技术经济（11）：80-91.

李双秋，2014. 我国水土流失现状与保持对策分析［J］. 黑龙江科技信息（11）：136.

刘宁，2015. 中国农户参与新型农村社区建设的意愿分析［J］. 河南农业大学学报
  （04）：545-549.

梁流涛，许立民，2013. 生计资本与农户的土地利用效率［J］. 中国人口·资源与环境
  （03）：63-69.

刘滨，康小兰，殷秋霞，等，2014. 农业补贴政策对不同资源禀赋农户种粮决策行为影
  响机理研究：以江西省为例［J］. 农林经济管理学报（04）：376-383.

刘可，齐振宏，黄炜虹，等，2019. 资本禀赋异质性对农户生态生产行为的影响研究
  ［J］. 中国人口·资源与环境，29（2）：87-96.

刘景发，孙浩，常国庆，等，2014. 黄土高原生态安全国家投资政策与机制研究［J］.
  中国水土保持（04）：23-27.

刘朝霞，张俊义，张二生，2002. 内蒙古准格尔旗丘陵沟壑区退耕还林草模式［J］. 中
  国沙漠，22（5）：506-509.

刘迪，孙剑，黄梦思，等，2019. 市场与政府对农户绿色防控技术采纳的协同作用分析
  ［J］. 长江流域资源与环境，28（05）：1154-1163.

刘丽，褚力其，姜志德，2020. 技术认知、风险感知对黄土高原农户水土保持耕作技术
  采用意愿的影响及代际差异［J］. 资源科学，42（4）：763-775.

刘志飞，2016. 农户生计资产对土地利用的作用研究［D］. 南昌：江西财经大学.

陆文聪，余安，2011. 浙江省农户采用节水灌溉技术意愿及其影响因素［J］. 中国科技
  论坛（11）：136-142.

陆文涛，赵玉杰，2011. 生态补偿机制在农村水污染控制中的应用研究［J］. 农业环境

与发展，28（06）：82-85.

廖薇，2015. 流通产业发展水平与城镇化质量提升研究 [D]. 合肥：安徽财经大学.

卢江勇，陈功，2012. 水土流失对农村贫困的影响 [J]. 安徽农业科学，40（32）：
　　15935-15938.

罗小娟，冯淑怡，石晓平，等，2013. 太湖流域农户环境友好型技术采纳行为及其环境
　　和经济效应评价：以测土配方施肥技术为例 [J]. 自然资源学报（11）：1891-1902.

马爱慧，李鸿，2015. 农户参与耕地保护受偿额度及执行保护意愿影响因素分析 [J].
　　上海国土资源（01）：44-48.

马丽，2010. 农户采用保护性耕作技术的行为选择及效果评价 [D]. 沈阳：沈阳农业
　　大学.

马兴栋，霍学喜，2017. 生计资本异质对农户采纳环境友好型技术的影响：以病虫害防
　　治技术为例 [J]. 农业经济与管理（05）：54-62.

毛显强，钟瑜，张胜，2002. 生态补偿的理论探讨 [J]. 中国人口·资源与环境（04）：
　　40-43.

苗建青，2011. 西南岩溶石漠化地区土地禀赋对农户采用生态农业技术行为的影响研究
　　[D]. 重庆：西南大学.

穆亚丽，冯淑怡，马力，等，2017. 农户沼肥还田决策行为及其经济效应评价 [J]. 自
　　然资源学报（10）：1678-1690.

彭珂珊，2013. 黄土高原地区水土流失特点和治理阶段及其思路研究 [J]. 首都师范大
　　学学报（自然科学版），34（05）：82-90.

戚艳萍，吕素霞，2013. 现阶段我国环境道德建设研究 [J]. 北京化工大学学报（社会
　　科学版）（04）：85-88，6.

乔丹，陆迁，徐涛，2017. 社会网络、推广服务与农户节水灌溉技术采用：以甘肃省民
　　勤县为例 [J]. 资源科学，39（3）：441-450.

乔丹，2018. 社会网络与推广服务对农户节水灌溉技术采用影响研究 [D]. 杨凌：西北
　　农林科技大学.

乔丹，陆迁，徐涛，2017. 社会网络、信息获取与农户节水灌溉技术采用：以甘肃省民
　　勤县为例 [J]. 南京农业大学学报（社会科学版），17（4）：147-155，160.

钱加荣，穆月英，陈阜，等，2011. 我国农业技术补贴政策及其实施效果研究：以秸秆
　　还田补贴为例 [J]. 中国农业大学学报，16（2）：165-171.

钱浩，郜毓，曹志慧，等，2019. 渭南市水土保持区划研究 [J]. 现代农业科技（01）：
　　169-171.

姜鹏，2015. 黄土高原地区生态系统恢复模式研究［D］. 杨凌：西北农林科技大学.

上官周平，2006. 黄土高原地区水土保持与生态建设的若干思考［J］. 中国水土保持科学（01）：1-4.

石洪景，黄和亮，2013. 农户对农业技术采用行为的心理学分析［J］. 贵州农业科学（04）：209-213.

石智雷，杨云彦，2012. 家庭禀赋、家庭决策与农村迁移劳动力回流［J］. 社会学研究（03）：157-181，245.

司瑞石，陆迁，谭永风，2018. 信息资本对农户水土流失治理投入意愿的影响研究：基于黄土高原区 1 048 户农户的数据［J］. 干旱区资源与环境，32（11）：41-46.

司瑞石，陆迁，2018. 土地流转对农户生产社会化服务需求的影响：基于 PSM 模型的实证分析［J］. 资源科学（09）：1762-1772.

苏芳，徐中民，尚海洋，2009. 可持续生计分析研究综述［J］. 地球科学进展（01）：61-69.

孙延红，2012. 加强农业科技示范促进农业技术推广：以辽宁农技推广工作为例［J］. 农业经济（06）：31-32.

石洪景，2013. 大陆农户台湾农业技术采用行为研究［D］. 福州：福建农林大学.

石洪景，2015. 农户对台湾农业技术的采用行为研究：基于福建省漳浦县的调查数据［J］. 科技管理研究（17）：136-145.

田素妍，陈嘉烨，2014. 可持续生计框架下农户气候变化适应能力研究［J］. 中国人口·资源与环境（05）：31-37.

田云，张俊飚，何可，等，2015. 农户农业低碳生产行为及其影响因素分析：以化肥施用和农药使用为例［J］. 中国农村观察（4）：61-70.

王立明，张宁，2010. 宁夏水土保持现状与发展对策［J］. 中国水土保持（08）：13-15.

王锋，2015. 水土流失的危害及水土保持的核心意义［J］. 北京农业（15）：249.

王静，霍学喜，2014. 技术创新环境对苹果种植户技术认知影响研究［J］. 农业技术经济（01）：31-41.

王成超，杨玉盛，2011. 农户生计非农化对耕地流转的影响：以福建省长汀县为例［J］. 地理科学，31（11）：1362-1367.

王一超，郝海广，张惠远，等，2018. 农牧交错区农户生计分化及其对耕地利用的影响：以宁夏盐池县为例［J］. 自然资源学报，33（02）：302-312.

王格玲，陆迁，2015. 社会网络影响农户技术采用倒 U 型关系的检验：以甘肃省民勤县节水灌溉技术采用为例 [J]. 农业技术经济 (10)：92 - 106.

王刚，2007. 黄土高原水土保持社会经济效益评价 [D]. 西安：陕西师范大学.

王建华，刘苗，李俏，2015. 农产品安全风险治理中政府行为选择及其路径优化：以农产品生产过程中的农药施用为例 [J]. 中国农村经济 (11)：54 - 62，76.

王娜，2016. 粮食主产区农户生态友好型生产行为研究与政策分析 [D]. 无锡：江南大学.

王常伟，顾海英，2012. 农户环境认知、行为决策及其一致性检验：基于江苏农户调查的实证分析 [J]. 长江流域资源与环境 (10)：1204 - 1208.

王飞，李锐，杨勤科，等，2009. 黄土高原水土保持政策演变 [J]. 中国水土保持科学 (01)：103 - 107.

王勇，2011. 我国水土流失现状及防治技术探讨 [J]. 科技资讯 (34)：124.

温忠麟，侯杰泰，张雷，2005. 调节效应与中介效应的比较和应用 [J]. 心理学报 (02)：268 - 274.

伍艳，2015. 农户生计资本与生计策略的选择 [J]. 华南农业大学学报（社会科学版）(02)：57 - 66.

吴帆，2017. 基于利用效率的输配电有效资产核算办法 [D]. 长沙：长沙理工大学.

吴萌，甘臣林，任立，等，2016. 分布式认知理论框架下农户土地转出意愿影响因素研究：基于 SEM 模型的武汉城市圈典型地区实证分析 [J]. 中国人口·资源与环境 (09)：62 - 71.

吴雪莲，张俊飚，丰军辉，2017. 农户绿色农业技术认知影响因素及其层级结构分解：基于 Probit-ISM 模型 [J]. 华中农业大学学报（社会科学版）(05)：36 - 45，145.

吴雪莲，2016. 农户绿色农业技术采纳行为及政策激励研究 [D]. 武汉：华中农业大学.

吴丽丽，李谷成，周晓时，2017. 家庭禀赋对农户劳动节约型技术需求的影响：基于湖北省 490 份农户调查数据的分析 [J]. 湖南农业大学学报（社会科学版）(04)：1 - 7.

肖新成，2015. 农户对农业面源污染认知及其环境友好型生产行为的差异分析：以江西省袁河流域化肥施用为例 [J]. 环境污染与防治 (09)：104 - 109.

谢国昌，2013. 水土流失的危害及防治措施 [J]. 北京农业 (12)：239 - 240.

谢先雄，李晓平，赵敏娟，等，2018. 资本禀赋如何影响牧民减畜：基于内蒙古 372 户牧民的实证考察 [J]. 资源科学 (09)：1730 - 1741.

谢婉菲，尹奇，鲍海君，2012. 基于农户行为的彭州市耕地保护现状及影响因素分析 [J]. 中国农业资源与区划 (02)：68 - 72.

邢美华，张俊飚，黄光体，2009. 未参与循环农业农户的环保认知及其影响因素分析：基于晋、鄂两省的调查 [J]. 中国农村经济（04）：72 - 79.

徐美银，陆彩兰，陈国波，2012. 发达地区农民土地流转意愿及其影响因素分析：来自江苏的 566 户样本 [J]. 经济与管理研究（07）：66 - 74.

徐涛，赵敏娟，李二辉，等，2018. 规模化经营与农户"两型技术"持续采纳：以民勤县滴灌技术为例 [J]. 干旱区资源与环境（02）：37 - 43.

许炯心，2004. 无定河流域侵蚀产沙过程对水土保持措施的响应 [J]. 地理学报（06）：972 - 981.

许汉石，乐章，2012. 生计资本、生计风险与农户的生计策略 [J]. 农业经济问题（10）：100 - 105.

薛彩霞，姚顺波，李卫，2012. 我国环境友好型农业施肥技术补贴探讨 [J]. 农机化研究（12）：244 - 248.

薛彩霞，黄玉祥，韩文霆，2018. 政府补贴、采用效果对农户节水灌溉技术持续采用行为的影响研究 [J]. 资源科学，40（07）：1418 - 1428.

杨宇，王金霞，黄季焜，2016. 农户灌溉适应行为及对单产的影响：华北平原应对严重干旱事件的实证研究 [J]. 资源科学（05）：900 - 908.

杨夕，邱道持，蒋敏，2015. 生计资产差异对农村土地资产评估需求的影响：以重庆市忠县为例 [J]. 西南师范大学学报（自然科学版），40（09）：181 - 189.

杨晓辉，2009. 试析水土流失的危害与水土保持的措施 [J]. 黑龙江科技信息（22）：235.

杨海娟，尹怀庭，刘兴昌，2001. 黄土高原丘陵沟壑区农户水土保持行为研究 [J]. 水土保持通报（02）：75 - 78.

杨云彦，赵锋，2009. 可持续生计分析框架下农户生计资本的调查与分析：以南水北调（中线）工程库区为例 [J]. 农业经济问题（03）：58 - 65，111.

杨云彦，石智雷，2012. 中国农村地区的家庭禀赋与外出务工劳动力回流 [J]. 人口研究（04）：3 - 17.

杨钢桥，靳艳艳，杨俊，2010. 农地流转对不同类型农户农地投入行为的影响：基于江汉平原和太湖平原的实证分析 [J]. 中国土地科学（09）：18 - 23.

杨志海，2015. 兼业经营对农户水稻生产的影响研究 [D]. 武汉：华中农业大学.

杨志海，王雅鹏，麦尔旦·吐尔孙，2015. 农户耕地质量保护性投入行为及其影响因素分析：基于兼业分化视角 [J]. 中国人口·资源与环境（12）：105 - 112.

杨刚，杨岑，2017. 陕西开放型经济发展水平的测度及分析 [J]. 东莞理工学院学报

(05)：7-13.

颜廷武，张童朝，何可，等，2017. 作物秸秆还田利用的农民决策行为研究：基于皖鲁等七省的调查 [J]. 农业经济问题（04）：39-48，110-111.

颜廷武，何可，崔蜜蜜，等，2016. 农民对作物秸秆资源化利用的福利响应分析：以湖北省为例 [J]. 农业技术经济（04）：28-40.

姚增福，刘欣，2018. 要素禀赋结构升级、异质性人力资本与农业环境效率 [J]. 人口与经济（02）：37-47.

叶琴丽，王成，张玉英，等，2014. 农村经济转型期不同类型农户共生能力研究：以重庆市合川区大柱村为例 [J]. 西南师范大学学报（自然科学版），39（10）：33-39.

应恩宇，2018. 论水土流失的危害与水土保持措施 [J]. 黑龙江水利科技，46（07）：275-277.

喻永红，张巨勇，2009. 农户采用水稻 IPM 技术的意愿及其影响因素：基于湖北省的调查数据 [J]. 中国农村经济（11）：77-86.

于术桐，黄贤金，邬震，等，2007. 红壤丘陵区农户水土保持投资行为研究：以江西省余江县为例 [J]. 水土保持通报（02）：136-140.

袁梁，张光强，霍学喜，2017. 生态补偿、生计资本对居民可持续生计影响研究：以陕西省国家重点生态功能区为例 [J]. 经济地理（10）：188-196.

张大伟，2015. 基于生态补偿视角的水土流失治理对策研究 [D]. 重庆：西南政法大学.

张改战，高海耀，2018. 黄土高原水土流失现状与综合治理对策 [J]. 农民致富之友（22）：240.

张慧利，李星光，夏显力，市场 VS 政府：什么力量影响了水土流失治理区农户水土保持措施的采纳？[J]. 干旱区资源与环境，2019，33（12）：41-47.

张春萍，2011. 试析我国水土流失现状及水土保持的作用 [J]. 民营科技（05）：135.

张玲，2018. 浅析农村水土保持对生态建设的作用 [J]. 农业与技术（20）：249.

张芬昀，曹美珍，2011. 农户经营行为及其对民勤绿洲生态环境的影响 [J]. 西北农林科技大学学报（社会科学版）（02）：49-54.

张童朝，颜廷武，何可，等，2017. 资本禀赋对农户绿色生产投资意愿的影响：以秸秆还田为例 [J]. 中国人口·资源与环境（08）：78-89.

张小有，刘红，赖观秀，2018. 基于农户风险偏好的农业低碳技术采用行为研究：以江西为例 [J]. 科技管理研究（05）：253-259.

张郁，齐振宏，孟祥海，等，2015. 生态补偿政策情境下家庭资源禀赋对养猪户环境行为影响：基于湖北省 248 个专业养殖户（场）的调查研究 [J]. 农业经济问题（06）：82-91，112.

张郁，江易华，2016. 环境规制政策情境下环境风险感知对养猪户环境行为影响：基于湖北省 280 户规模养殖户的调查 [J]. 农业技术经济（11）：76-86.

张郁，2019. 公众风险感知、政府信任与环境类邻避设施冲突参与意向 [J]. 行政论坛，26（4）：122-128.

张复宏，宋晓丽，霍明，2017. 果农对过量施肥的认知与测土配方施肥技术采纳行为的影响因素分析：基于山东省 9 个县（区、市）苹果种植户的调查 [J]. 中国农村观察（03）：117-130.

张世伟，王广慧，2010. 培训对农民工收入的影响 [J]. 人口与经济（01）：34-38.

张朝辉，2019. 生计资本对农户退耕参与决策的影响分析：以西北 S 地区为例 [J]. 干旱区资源与环境，33（04）：23-28.

赵肖柯，周波，2012. 种稻大户对农业新技术认知的影响因素分析：基于江西省 1 077 户农户的调查 [J]. 中国农村观察（04）：29-36，93.

赵连阁，蔡书凯，2012. 农户 IPM 技术采纳行为影响因素分析：基于安徽省芜湖市的实证 [J]. 农业经济问题（03）：50-57，111.

赵连阁，蔡书凯，2013. 晚稻种植农户 IPM 技术采纳的农药成本节约和粮食增产效果分析 [J]. 中国农村经济（05）：78-87.

赵雪雁，2011. 生计资本对农牧民生活满意度的影响：以甘南高原为例 [J]. 地理研究（04）：687-698.

钟太洋，黄贤金，马其芳，2005. 区域兼业农户水土保持行为特征及决策模型研究 [J]. 水土保持通报（06）：96-100.

钟太洋，黄贤金，2006. 区域农地市场发育对农户水土保持行为的影响及其空间差异：基于生态脆弱区江西省兴国县、上饶县、余江县村域农户调查的分析 [J]. 环境科学（03）：392-400.

周海鹏，2016. 金融集聚影响区域经济增长机理与效应研究 [D]. 天津：河北工业大学.

周晓虹，1997. 现代社会认知心理学：多维视野中的社会行为研究 [M]. 上海：上海人民出版社.

朱利群，王珏，王春杰，等，2018. 有机肥和化肥配施技术农户采纳意愿影响因素分析：基于苏、浙、皖三省农户调查 [J]. 长江流域资源与环境（03）：671-679.

朱萌，齐振宏，邬兰娅，等，2016. 种稻大户资源禀赋对其环境友好型技术采用行为的影响：基于苏南微观数据的分析 ［J］. 生态与农村环境学报（05）：735 - 742.

Abdulai A，Owusu V，Bakang J，2011. Adoption of safer irrigation technologies and cropping patterns：Evidence from Southern Ghana ［J］. *Ecological Economics* （07）：1415 - 1423.

Ainembabazi J H，Van Asten P，Vanlauwe B，Ouma E，Blomme G，Birachi E A，Nguezet P M D，Mignouna D B，Manyong V M，2017. Improving the speed of adoption of agricultural technologies and farm performance through farmer groups：evidence from the Great Lakes region of Africa ［J］. *Agricultural Economics*，48（02）241 - 259.

Akpalu W，Normanyo A，2014. Illegal Fishing and Catch Potentials among Small Scale Fishers：Application of Endogenous Switching Regression Model ［J］. *Environment and Development Economics*，19（2）：156 - 172.

Pufahl A，Weiss C R，2009. Evaluating the effects of farm programmes：results from propensity score matching ［J］. *European Association of Agricultural Economists*，79 - 101.

Ayana，I，1985. An Analysis of Factors Affecting the Adoption and Diffusion Patterns of Packages of Agricultural Technologies in Subsistence Agriculture：A Case Study in Two Extension Districts of Ethiopia. Unpublished M. Sc. thesis，Addis Ababa University.

Beedell J D C，Rehman T，1999. Explaining farmers' conservation behavior：Why do farmers behave the way they do? ［J］ *Journal of Environmental Management*，57（2）：165 - 176.

Burton R J F，Kuczera C，Schwarz G，2008. Exploring Farmers' Cultural Resistance to Voluntary Agri - environmental Schemes ［J］. *Sociologia Ruralis*，48（1）：22.

Bradstock A，2006. Land reform and livelihoods in South Africa's Northern Cape province ［J］. *Land Use Policy*，23（3）：247 - 259.

Brocke K V，Trouche G，Weltzien E，et al. ，2010. Participatory Variety Development for Sorghum in Burkina Faso：Farmers' selection and farmers' criteria ［J］. *Field Crops Research*，119（1）：183 - 194.

Brown P R，Nelson R，Jacobs B，Kokic P，Tracey J，2010. Enabling natural resource managers to self-assess their adaptive capacity ［J］. *Agricultural Systems*，103（8）：562 - 568.

Caswell，Margriet F. and Zilberman，David，1985. The Choices of Irrigation Technologys in California ［J］. *American Journal of Agricultural Economics*，5：223 - 234.

Caswell, Margriet F. and Zilberman, David, 1986. The Effects of Well Depth and Land Quality on the Choice of Irrigation echnology [J]. *American Journal of Agricultural Economics*, 11: 798 - 811.

Clark, H A J, 1989. Conservation Advice and Investment on Farms: A Study in Three English Counties. Norw ich, East Anglia: University of East Anglia.

Dadi, L, 1998. Adoption and Diffusion of Agricultural Technologies: Case of East and West Shewa Zones, Ethiopia. Unpublished Ph. D. thesis, University of Manchester.

Dinar A, Yaron D, 1992. Adoption and abandonment of irrigation technologies [J]. *Agricultural Economics* (4): 315 - 332.

Echeverria J D, Pidot J, 2011. Drawing the Line: Striking a Principled Balance between Regulating and Paying to Protect the Land [J]. *Social Science Electronic Publishing*.

Ervin C A, Ervin D E, 1982. Factors affecting the use of soil conservation practices: hypotheses, evidence, and policy implications [J]. *Land Economics*, 58 (3): 277 - 292.

Falco Di S., and Chavas J, 2009. On crop biodiversity, risk exposure and food security in the highlands of Ethiopia [J]. *American Journal of Agricultural Economics*, 91 (3): 599 - 611.

Falco Di S., Veronesi M., Yesuf M, 2011. Does adaptation provide food security? a micro perspective from Ethiopia [J]. *American Journal of Agricultural Economics*, 93 (3): 829 - 846.

Falconer K, Hodge I, 2001. Pesticide taxation and multi-objective policy-making: Farm modelling to evaluate profit/environment trade-offs [J]. *Ecological Economics*, 36 (2): 263 - 279.

Feder G, 1980. Farm size, risk aversion and the adoption of new technology under uncertainty [J]. *Oxford Economic Papers*, 32 (2): 263 - 283.

Foudi S, Erdlenbruch K, 2012. The role of irrigation in farmers' risk management strategies in France [J]. *European Review of Agricultural Economics*, 9 (3): 439 - 457.

Genius M, Koundouri P, Nauges C, et al., 2013. Information transmission in irrigation technology adoption and diffusion: social learning, extension services, and spatial effects [J]. *American Journal of Agricultural Economics*, 6 (1): 328 - 344.

Goyal M. & S. Netessine, 2007. Strategic Technology Choice and Capacity Investment under Demand Uncertainty [J]. *Management Science*, 53 (2): 192.

GOULDNER A W, 1960. The norm of reciprocity: apreliminar [J]. *American sociologi-*

cal review, 25 (2): 161 - 178.

Griliches Z, 1957. Hybrid corn: an exploration in the economics of technological change [J]. *Econometrica*, *Journal of the Econometric Society*, 501 - 522.

Green, Gareth, Sunding, David, Zilberman, David, 1996. Explaining Irrigation Technology Choices: A Microparameter Approach [J]. *American Journal of Agricultural Economics*, 11: 1064 - 1072.

Huang J, Wang Y, Wang J, 2014. Farmers' adaptation to extreme weather events through farm management and its impacts on the mean and risk of rice yield in China [J]. *American Journal of Agricultural Economics*, 97 (2): 602 - 617.

Kassie, M., Pender, J., Yesuf, M., Kohlin, G., Bluffstone, R., Mulugeta, E, 2008. Estimating returns to siol conservation adoption in the northern Ethiopian highlands [J]. *Agricultural Economics*, 38, 213 - 232.

Kessler C A, 2006. Decisive key-factors influencing farm households' soil and water conservation investments [J]. *Applied Geography*, 26 (1): 0 - 60.

Khonje M, Manda J, Alene A D, et al., 2015. Analysis of Adoption and Impacts of Improved Maize Varieties in Eastern Zambia [J]. *World Development*, 66: 695 - 706.

Kijima Y, Otsuka K, and Sserunkuuma D, 2009. Determinants of changing behaviors of NERICA adoption: An analysis of panel data from Uganda. University of Tsukuba.

Lambrecht I, Vanlauwe B, Merckx R, and Maertens M, 2014. Understanding the process of agricultural technology adoption: Mineral fertilizer in Eastern DR Congo [J]. *World Development*, 59: 132 - 146.

Leggesse D, Burton M, Ozanne A, 2004. Duration Analysis of Technological Adoption in Ethiopian Agriculture [J]. *Journal of Agricultural Economics* (3): 613 - 631.

Lemon, M, Park, J, 1993. Elicitation of farming agendas in a com plex environment [J]. *Journal of Rural Studies*, 9: 405 - 410.

Lowdermilk M K, 1972. Diffusion of dwarf wheat production technology in Pakistan's Punjab [D]. New York: Cornell University.

Ma W, Abdulai A, 2016. Does Cooperative Membership Improve Household Welfare? Evidence from Apple Farmers in China [J]. *Food Policy*, 58: 94 - 102.

MASLOW A H, Green C D, 1943. A theory of human motivatio. Psychological review, 50 (1): 370 - 396.

Mann C. K, 1978. Packages of Packages of Practices: A Step at a Time with Clusters

[J]. *Middle East Technical Institute Studies in Development* (21): 73 - 82.

Manimozhi. KMK，Vaishnavi. NVN，2012. Eco-Friendly Fertilizers for Sustainable Agriculture [J]. *International Journal of Scientific Research* (12): 255 - 257.

Mariano Mezzatesta，David A Newburn，2012. Richard T Woodward. Additionality and the apoption of farm conservation practices [J]. *Land Use*，4.

Mohapatra R，2011. Farmers' Education and Profit Efficiency in Sugarcane Production: A Stochastic Frontier Profit Function Approach [J]. *The IUP Journal of Agricultural Economics*，8 (2)：18 - 31.

Miranowski J，Shortle J，1986. Effects of risk perceptions and other characteristics of farmers and farm operations on the adoption of conservation tillage practices. Pensylvania State，USA: Iowa State University，Department of Economics.

Nelson R R，Phelps E S，1966. Investment in humans，technological diffusion，and economic growth [J]. *The American Economic Review*，56 (1/2)：69 - 75.

Ostrom E，2003. Social captical: the epidemic of fever or basic concepts. Translated by LONG Hu [J]. *Comparative economic &social systems* (2)：26 - 34.

Okoye CU，1998. Comparative analysis of factors in the adoption of traditional and recommended soil erosion control practices in Nigeria [J]. *Soil and Tillage Research*，45 (3 - 4)：251 - 263.

Park S，Howden M，Crimp S，2012. Informing regional level policy development and actions for increased adaptive capacity in rural livelihoods [J]. *Environmental Science & Policy*，15 (1)：23 - 37.

Potter C，1986. Processes of countryside change in lowland England [J]. *Journal of Rural Studies*，2 (3)：187 - 195.

Rawadee J，Areeya M，2011. Adaptive capacity of households and institutions in dealing with floods in Chiang Mai，Thailand [J]. *Economy and Environment Program for Southeast Asia*，*Philippines*.

Rauniyar G. P.，Goode F. M，1992. Technology Adoption on Small Farms [J]. *World Development*，20 (2)：275 - 282.

Romy Greiner，2011. Daniel Gregg. Farmers' intrinsic motivations，barriers to the adoption of conservation practices and effectiveness of policy instruments: Empirical evidence from northern Australia [J]. *Land Use Policy*，28 (1)：257 - 265.

Rogers E，1962. Diffusion of Innovation. New York: Free Press of Glencoe.

Schuck, Eric C. ; Frasier, W. Marshall; Webb, Robert S. ; Ellingson, Lindsey J. and Umberger, Wendy J, 2005. Adoption of More Technically Efficient Irrigation Systemj as a Drought Response [J]. *Water Resource Developmemt*, 12: 651 - 662.

Sen A, 1981. Famines and poverty [M]. London: Oxford University Press.

Sidibé A, 2005. Farm-level adoption of soil and water conservation techniques in northern Burkina Faso [J]. *Agricultural Water Management*, 71 (3): 211 - 224.

Spence W, 1986. Innovation: the communication of change in ideas, practices and products [J]. *Journal of Crustacean Biology*, 6 (1): 1 - 23.

Waktola, A, 1980. Assessment of the Diffusion and Adoption of Agricultural Technologies in Chilalo [J]. *Ethiopian Journal of Agricultural Science*, 2: 51 - 68.

Willy D K, Zhunusova E, Holm-Müller, Karin, 2014. Estimating the joint effect of multiple soil conservation practices: A case study of smallholder farmers in the Lake Naivasha basin, Kenya [J]. *Land Use Policy*, 39: 177 - 187.

Yu L. , Hurley J. , Kliebenstein, Orazen P, 2012. A test for complementarities among multiple technologies that avoids the curse of dimensionality [J]. *Economics Letters*, 116 (3): 354 - 357.

Mbagasemgalawe Z, Folmer H, 2000. Household Adoption Behaviour of Improved Soil Conservation: The Case of the North Pare and West Usambara Mountains of Tanzania [J]. *Land Use Policy*, 17 (4): 321 - 336.

调 查 问 卷

您好！我是西北农林科技大学的研究生，现进行关于水土保持技术采用情况的问卷调查，希望得到相关的信息，感谢您在百忙之中协助我们调查。该问卷仅作为内部资料使用，对外保密，不会损害您的任何利益。

编号：_____调查地点：_____省_____市_____区（县）_____镇（乡）_____村_____社（队/组）

调查员：_____回答者：_____调查日期：2016 年____月____日

一、农户基本特征

1. 户主年龄_____，上过_____年学，受教育程度：文盲＝1，小学＝2，初中＝3，高中或中专＝4，大专及以上＝5；从事农业生产_____年。

2. 户主性别：1 男，0 女；户主民族：1 汉族，0 少数民族；政治面貌是：1＝群众，2＝共青团员，3＝中共党员，4＝其他党派；宗教信仰是：0＝无宗教信仰，1＝基督教，2＝伊斯兰教，3＝佛教，4＝其他宗教。

3. 户主职业类型（可多选）：1＝务农，2＝务工，3 个体，4 乡村医生或教师，5＝村干部，6＝公务员，7＝退休，8＝其他。

4. 您家是否有村干部或公务员？1 是/0 否；是否有党员？1 是/0 否；是否有家人或亲戚在金融机构工作？1 是/0 否。

5. 您家有_____口人，男性劳动力_____人，女性劳动力_____人，15 岁以下_____人，65 岁以上_____人。

抚养_____人，赡养_____人；其中务农人员有_____人，专职打工/上班_____人，兼业打工_____人，每年在外打工_____/_____/_____月。

6. 您家房屋类型是：1＝混凝土 2＝砖瓦 3＝砖木 4＝土木 5＝草房，造价_____元。

7. 您家的交通工具有：1＝无；2＝自行车，价值_____元；3＝摩托车、电动车 价值_____元；4＝小汽车 价值_____元。您家拥有农用机械是 1 _____，价值_____元；2 _____，价值_____元；3 _____，价值_____元。

8. 您家平均食物支出约_____元/月，话费支出约_____元/月，人情礼品支出约_____元/年，总支出_____元/年。

9. 您家距离乡政府的_____里，您家距离最近的集市_____里，您家距离最近的车站_____里，您家距离最近的河流_____里，您家距最近的农村信用社等金融机构_____里。

10. 2011 年以来，您是否向信用社等金融机构申请过贷款？1是/0 否；若是，贷款_____万元。

11. 信贷部门是否要求您提供抵押品？1是/0 否；若是，抵押品是 1＝土地 2 房屋 3 存折 4 其他，若是土地抵押贷款，抵押的面积是_____亩。

二、劳动力转移、土地流转情况

12. 农户主要收入来源

		种田	林业	打工	养殖	经商	企事业单位	养老金	政府补贴
收入金额（元/年）									
投入金额（元/年）									
专业人数（人）									
兼业	人数								
	工作月数								
备注	1. 若没有某一项，请在表格中填"0"。 2. 打工投入＝技术培训费＋交通费＋房租。 3. 若兼业人数多于一个，请分别标明工作月数。								

13. 农户土地经营规模与流转情况

		面积（亩）	租金（元/亩/年）	租入（出）来源与对象	租入（出）形式	租入（出）平均年限	流转后收入变化	
							务农	其他
耕地	自有							
	租入							
	租出							
林地	自有							
	租入							
	租出							
备注	1. 若没有某一项，请在表格中填"0"。 2. 租入来源：1＝亲戚朋友，2＝邻居，3＝其他农户，4＝村集体，5＝其他。 3. 租出对象：1＝其他小户，2＝大户（20 亩以上），3＝合作社，4＝家庭农场，5＝公司，6＝政府，7＝其他。 4. 租入（出）形式：0＝口头约定，1＝书面合同。 5. 土地流转后，务农或其他收入：1＝明显减少，2＝略微减少，3＝不变，4＝略微增加，5＝明显增加							

三、农业生产情况

14. 您家的耕地中，有_____块地，面积最大的_____亩，面积最小的_____亩，开荒_____亩，撂荒_____亩。

15. 您家的林地中，有_____块地，面积最大的_____亩，面积最小的_____亩，开荒_____亩，撂荒_____亩。

16. 农户种植情况

成本支出	小麦	玉米	土豆	谷子（小米）	其他
种植面积（亩）					
产量（亩产/总产）					
售出单价（元/斤）					
出售（斤/金额）					
自留（斤）					
种子价格（元/斤）					
种苗（单价/金额）					
种苗用量（株/斤）					

（续）

成本支出	小麦	玉米	土豆	谷子（小米）	其他
农家肥（方/金额）					
化肥（金额）					
氮肥					
磷肥					
钾肥					
二胺					
其他					
地膜（元）					
农药（元）					
水费（元）					
电费（元）					
人工（元）					
雇工（元）					

四、水土保持措施采用情况

17. 水土流失与自然灾害情况（最近三年）

	旱灾	暴雨	山体滑坡	泥石流	风沙灾害	冰雹
发生次数						
耕地或林地受灾面积（亩）						
严重程度（几乎不发生-非常严重1～5）						

18. 您所在地区水土流失严重程度：1＝无水土流失，2＝不太严重，3＝一般，4＝比较严重，5＝非常严重。

19. 您认为水土保持措施能够增加农业产量吗：1＝没有作用，2＝作用较小，3＝一般，4＝作用较大，5＝作用非常大。

20. 您认为水土保持措施能够增加农民收入吗：1＝没有作用，2＝作用较小，3＝一般，4＝作用较大，5＝作用非常大。

21. 您认为水土保持措施能够改善生态环境吗：1＝没有作用，2＝作用较小，3＝一般，4＝作用较大，5＝作用非常大。

22. 您家水土保持措施采用情况

	工程措施				生物措施		耕作措施	
	治坡	治沟	治沙	水利工程	造林	种草	沟垄耕作	少耕免耕
是否采用								
采用技术类型								
采用面积（亩）								
第一次听说的年份								
第一次采用年份								
已采用年限（年）								
是否接受过技术培训								
成本 费用（元/亩）								
成本 人工（人×天）	×	×	×	×	×	×	×	×
采用效果 生态环境改善								
采用效果 耕地面积增加								
采用效果 林地面积增加								
采用效果 产量增加								
采用效果 收入增加								

备注

1. 采用技术类型治坡工程包括：1＝梯田，2＝台地，3＝水平沟，4＝鱼鳞坑，5＝其他_____，6＝其他_____

2. 治沟工程包括：1＝淤地坝，2＝拦沙坝，3＝谷坊，4＝沟头防护，5＝其他_____，6＝其他_____

3. 治沙工程包括：1＝覆土，2＝建立沙障，3＝添加化学材料，4＝其他_____，5＝其他_____

4. 小型水利工程包括：1＝水库，2＝水池，3＝水窖，4＝塘坝，5＝节水灌溉，6＝地膜，7＝排水系统，8＝其他_____，9＝其他_____

5. 成本核算第一次采用的成本，花费的人工请注明人数和平均每人工作天数。（例如：2人×10天）

6. 采用效果请根据农户回答情况打分：1＝不好，2＝不太好，3＝一般，4＝比较好，5＝特别好

23. 若以上水土保持措施都没采用，原因是：1＝不需要治理水土流失，2＝采用效果不好，3＝没有资金，4＝没有劳动力，5＝没人组织，6＝公共事务，应由政府负担，7＝其他_____（多选）。

24. 如果在当地实施水土保持措施，您是否愿意采用？1是/0否。

25. 如果在当地实施水土保持措施，您是否愿意进行投资？1是/0否。

若是，您愿意投入的金额为_____元/亩（1＝50以下，2＝51～100,

3＝101～150，4＝151～200，5＝201～250，6＝251～300，7＝300 以上）。

若否，原因是：1＝不愿意支付，2＝负担不起，3＝投入产出不相符，4＝应由政府承担全部费用，5＝其他_____

26. 您是否愿意投劳？1是/0否。

若是，您愿意投入的劳力为 _____ 次/年，_____ 人/次 _____ 天/（次·人）。

若否，原因是：1＝没有时间，2＝没有劳动力，3＝投入产出不相符，4＝应由政府承担全部费用，5＝其他_____

27. 您家将来是否持续采用水土保持技术？0＝不持续，1＝持续。

五、政府支持

28. 您是否参加了合作社协会、村集体活动、公司＋农户、村民自发合作供给，是＝1/否＝0。

29. 您是否接受过技术培训？是＝1/否＝0。

30. 政府是否开展过与水土保持措施相关的宣传活动？1是/0否。

31. 您家接受过哪种形式的宣传？0＝没有接受过宣传，1＝村里、队里开会，2＝政府农技部门发放宣传资料，3＝村广播、板报宣传，4＝专家讲座，5＝企业商家宣传，6＝手机信息，7＝电视讲座，8＝报刊宣传，9＝网络资料，10＝其他。

32. 政府是否开展过与水土保持措施相关的推广活动？1是/0否。

33. 您家接受过哪种形式的推广？0＝没有接受过推广，1＝农技人员田间技术指导，2＝专家集中培训，3＝咨询服务，4＝示范户示范讲解。

34. 政府是否组织过村民实施水土保持措施？1是/0否。

35. 政府是否对当地水土保持措施进行过投资？1是/0否。

36. 您对当地政府生态补偿政策的了解程度：1＝完全不了解，2＝不了解，3＝一般，4＝比较了解，5＝完全了解。

37. 您是否接受过政府的生态补偿？1是/0否，若是，补偿方式为：1＝现金（_____元/亩），2＝实物，3＝技术指导与培训；补偿的面积为_____亩；计算方式为：1＝按人口，2＝按土地面积，3＝按苗数，4＝按时间；每年补贴_____次。

38. 您对当前的补偿政策是否满意？1＝非常不满意，2＝不太满意，

3＝一般，4＝满意，5＝非常满意。

39. 生态补偿政策实施后，您家收入：1＝明显减少，2＝略微减少，3＝不变，4＝略微增加，5＝明显增加。

六、农户社会资本状况

40. 您所在村里共有_____户，共_____人。您手机联系人有_____人，您经常来往的人有_____人，其中农民有_____人，教师有_____人，银行职员有_____人，政府职员有_____人，村干部有_____人，农技推广员有_____人。

41. 个人网络资源状况（请按照编号填写）：

1＝农民，2＝外出务工或经商，3＝中小学教师，4＝大学老师及科技人员，5＝个体经营户，6＝司机，7＝会计，8＝银行等金融机构工作人员，9＝村干部，10＝其他_____

（1）您亲人所从事的职业包括以上哪些？_____

（2）您亲戚、朋友所从事的职业包括以上哪些？_____

（3）您身边熟人所从事的职业包括以上哪些？_____

42. 如果村里有问题需要解决，您是否会号召其他农户一起？1是/0否。

43. 您对村里发布的政策信息相信吗？1＝完全不相信，2＝少部分相信，3＝一般，4＝大部分相信，5＝完全相信。

44. 农户之间相互信任程度：1＝没有，2＝很少，3＝一般，4＝较多，5＝很多。

45. 农户之间相互帮助程度：1＝没有，2＝很少，3＝一般，4＝较多，5＝很多。

46. 您对本村的规章制度是否清楚？1＝很不清楚，2＝不清楚，3＝一般，4＝清楚，5＝很清楚。

47. 您认为本村的规章制度运行是否良好？1＝很不好，2＝不好，3＝一般，4＝良好，5＝很好。

48. 根据农户的回答打分（1＝从不/很少；2＝偶尔/比较少；3＝一般；4＝经常/较多；5＝频繁/很多）。

	1	2	3	4	5
您经常会到邻居家串门吗？					
您家经常会有客人来访吗？					
您家和亲戚朋友之间会经常彼此走动吗？					
您家有喜事时，是否有亲戚朋友愿意帮忙？					
农忙时，其他人是否愿意过来帮忙？					
您家盖房时，是否有亲戚朋友过来帮忙？					
别人家有重大事情需要做决定时是否愿意找您商量？					
别人家闹矛盾时，是否会找您帮忙调解？					
您经常与乡邻们一起玩乐（如打牌、打麻将、跳舞）吗？					
您经常参加村里人的婚丧嫁娶等活动吗？					
您经常跟别人借钱吗					
您经常借钱给别人吗？					
您家里农忙时大家愿意来帮忙吗？					
您经常借东西给周围人吗？					
您经常跟周围人借东西吗？					
您觉得周围人都是真诚信守承诺的吗？					
您和村民的交往中，您经常担心利益受损吗？					

调查结束，谢谢合作！

POSTSCRIPT 后 记

本书正文所有内容是作者黄晓慧在其博士毕业论文《资本禀赋、政府支持对农户水土保持技术采用行为的影响研究——以黄土高原区为例》的基础上进行修改执笔完成的。王礼力教授提供框架指导。

2016 年 9 月，我来到了美丽的杨凌小镇，在西北农林科技大学这个美丽的校园度过了三个半年头。回想那几年的点点滴滴，充满了各种酸甜苦辣。虽然经历了太多的坎坷，但非常幸运的是得到了老师、家人、同学的鼓励、陪伴、帮助。在此，对所有帮助过我的人们发自内心说声"谢谢"。

首先，感谢我的导师和恩师王礼力教授和陆迁教授。2016 年 3 月博士生入学考试，成绩出来以后，王老师给我打电话让我读他的博士生，当时的心情非常激动和兴奋，非常感谢王老师给我读博士的机会。博士开学的时候，王老师跟我聊了很多，让我在上好专业课程的基础上多思考多读文献，找到自己感兴趣的方向，由于博士阶段跟本科和研究生阶段有很大的不同，老师鼓励我积极进行转变，多看多思考，要坐得住。王老师告诉我，对待学术要严谨，做事要认认真真，做人要踏踏实实。在准备开题的过程中，由于基础较差，缺乏自信心，总是担心毕不了业，陆老师总是鼓励我要自信和勤奋，之后的学习和生活我谨记两位恩师的教诲，在老师的帮助和指导下，慢慢变得有自信。由于我在硕士阶段的基础较差，就读期间从选题的确定、博士论文开题、撰写学术论文和学位论文每一阶段都充满了各种挫折和困难，非常迷茫，像无头的苍蝇，两位老师反复帮我指导和修改论文，是王老师和陆老师无私的帮助和指导，让我克服了一切的困难，取得了很大的进步。感谢陆老师对我博士论文提供的课题和数据支持，让我顺利完成学术论文和学位论文。在学术论文写作过程中，两位老师帮我选择合适的题目和思路，反复进行修改，最终发表。在学位论文写作过程中，两位老师严格把控论文的整体逻辑框架，保证论文的顺利完成。老师说读博期间应该掌握设计调查问卷、带队入户实地调研、撰写项目申请书等能力，对以后的工作会有很大帮助，老师不断培养和锻炼我关于这方面的能力。我有选择纠结症，遇事难做选择，每当迷茫的时候，我都会去找两位老师聊天，每次聊完都感觉豁然开朗，老师指引了我的人生方向。我很幸运在博士阶段能遇到两位这么好的老师。在今后继续努力，不辜负老师的期望。

感谢在论文完成过程中对我有过指导和帮助的各位老师。感谢赵敏娟教授，在我刚入学，什么都不知道的情况下，参加赵院长门里的例会，让我对论文写作有了初步的认识和了解，赵院长的人格魅力和学术态度值得我一生学习。感谢在论文开题预审阶段给论文提出宝贵修改意见的郑少锋教授和赵凯教授。感谢在我论文开题时提出的宝贵修改意见的经管学院陆迁教授、刘天军教授、浙江大学黄祖辉教授、华中农业大学张俊飚教授，东北林业大学田国双教授。感谢李敏副教授，也是我的师姐，在这三年过程中对我的照顾、激励，李敏老师总是很有激情，很热情，学生都很喜欢她。在我论文被拒心情不好的时候，每次都自我怀疑，说自己不行，师姐总是鼓励我，让我相信自己。师姐让我多出去参加会议，多多向他人学习。师姐不仅在学习上，也在生活上帮助我。感谢经济管理学院任课老师们，荷兰瓦赫宁根大学Henk Folmer教授、美国密西根州立大学尹润生教授以及美国新泽西理工学院邱泽元教授在计量经济分析、资源环境经济学基础方面的指导，让我掌握了扎实的专业基础知识。感谢经管学院霍学喜教授给我们上的科研方法论，让我系统地掌握了论文写作规范，感谢赵敏娟教授给我上的高级微观经济学，帮我提升了清晰的逻辑推导能力。感谢郑少锋教授和朱玉春教授给我们上的高级计量经济学让我掌握了大量的计量经济方法，感谢刘天军教授给我们上的高级统计学让我掌握了各种软件的操作，同时感谢赵凯教授、孔荣教授、姚顺波教授、夏显力教授、孙养学教授等，感谢研究生秘书朱敏老师、杨维老师、张义凡老师等在我学业完成过程中提供的大量帮助。感谢预答辩专家组（陆迁教授、朱玉春教授、刘天军教授、王征兵教授和吕德宏教授）、校外匿名评审专家和答辩委员会专家（西北工业大学管理学院杨生斌教授、陆迁教授、赵凯教授、姚顺波教授、李世平教授）对本研究提出的修改建议。

感谢我的同门，张颖师姐、段培师姐、张华师姐、张童越师弟、程国龙师弟、范江燕师妹、扶婷婷师妹、韩燕青师妹、莫艺坚师弟、王静师妹、范倩文师妹、陈欣如师妹等。他们在生活和学习中给了我很大的帮助。同师门的友情，就像自己的亲兄弟姐妹一样，永远不会忘记。张颖师姐，那么瘦小的身体，却藏着巨大的能量，师姐特别热情善良，总是像我自己的亲姐姐一样照顾我。段培师姐对我也是照顾有加，经常给我论文提出很多修改意见以及写论文的思路。师姐对待学术严谨的态度，生活很自律，每天坚持学英语、跑步，让我非常佩服，我应该像师姐学习，让我的生活自律起来。张华师姐，博士期间第一次调研是张华师姐带队去的，由于我是第一次参加调研，什么都不懂，师姐总是耐心地教我。在学校由于不适应，师姐身体总是过敏，在这种情况下，师姐非常坚强，如期顺利毕业，师姐身上很多优点值得我学习。张童越师弟是老师的关门弟子，由于我们俩性格比较像，能吃到一起，能玩到一起，因此，在写论文烦躁之余，师弟总能够给我带来开心和快乐，让写论文变得没有那么枯燥无味。在调研过程中，莫艺坚师弟、王静师妹、范倩文师妹、陈欣如师妹给予我莫大的支持和帮助，让调研顺利完成。感谢我的同班同学，许彩华、韩叙、谢先雄、李星光、刘振龙、张涵、刘斐、王恒、周升强、贾亚娟、刘丽、郭清卉、倪琪、盛洁、张静、权长贵、罗超、李先东、米巧、李宝军、黄华等，我们一起上课，一起聚餐，一起讨论问题，谢谢你们的陪伴，丰富了我的博士生活。感谢我的舍友刘斐，总是把宿舍的卫生打扫得很干净，总是包容我生活上的缺点。感谢 C519 学习室贾蕊师姐、胡伦师姐、杨雪梅师姐、袁雪霈师姐、刘小童师兄、亓红帅师兄、吴璟师姐、胡广银师弟、孙鹏飞师弟、曲朦师妹、李晗师弟，我们每天在学习室里写论文，有困难的时候相互讨论，心情不好的时候相互安慰，和你们在一起学习是很开心的。感谢一起开例会的姚柳杨师兄、徐涛师兄、乔丹师姐、徐戈师妹、谭永风师妹、司瑞石师弟、郎亮明师弟、张彤师妹、高天志师妹、杨程方师弟、闫迪师妹、马千惠师妹等，让我在例会上接触到了更多的前沿文献。

感谢调研过程中帮助我们的农户。为了支撑论文完成，我们必须去农村实地调研，获取第一手数据，了解农户的情况。感谢调研过程中农户对我们的配合，经常给我们好吃的，农户总是那么的朴素和热情，也让我了解了农户生活的不容易，仍然有很多问题需要我们去研究和解决，这更加坚定了我研究"三农"问题的信念，争取为农户贡献自己的一份力量。

感谢我的父母。感谢父母这30多年对我的养育之恩，以及对我的栽培和支持。从小的时候，父母就告诉我农村的孩子唯一的出路就是读书，因此，即使家庭条件不是很好，父母总是省吃俭用供我上学。家永远是温暖的港湾，每当学习上遇到困难的时候，回到家就能够得到治愈。每次回到家，父母总是做我最爱吃的海鲜。而我不在家的时候，你们总是不舍得吃，不舍得穿，把最好的留给我。有你们做我坚强的后盾，我才能顺利博士毕业。所谓的岁月静好，是因为你们在替我负重前行。是你们的培养，让我成为村里第一个博士生。以后，女儿肯定非常努力，不辜负你们的厚望。希望父母永远身体健康。感谢我的弟弟和弟妹在我读博期间对我父母精心的照顾。感谢两个小侄女在读博期间给我带来的欢乐。

感谢我的爱人杨飞先生。当初是因为你的鼓励，我才选择辞去工作来读博士，让我有追求自己梦想的机会。在生活上，你总是无微不至地照顾我，家里总是整理得非常干净整齐，什么事情都帮我考虑到，让我专心学习。学习上，每次论文被拒失去信心时，你总是安慰我鼓励我给我带来正能量。感谢你一路的鼓励、包容、支持和陪伴。今后的日子，我们相互扶持，砥砺前行。感谢我的公公婆婆，为我们的婚礼忙前忙后，把我当自己的女儿对待，为我们这个小家付出了很多，感谢你们对我的照顾和支持。以后会把你们当成自己的爸爸妈妈一样孝顺。

感谢我的闺蜜王杰。尽管我比你大，但是你就像我的亲姐姐一样照顾我，感谢你的陪伴，每次都在我迷茫的时候开导我，在我心情不好的时候安慰我，每次寒暑假带给我好吃的。感谢你让我收获了如此好的友情。

最后，感谢我自己。感谢一直勤奋努力，不抛弃、不放弃，一直坚持做最好的自己。一直喜欢歌曲《水手》中的一句歌词"他说风雨中这点痛算什么，擦干泪不要怕，至少我们还有梦，他说风雨中这点痛算什么，擦干泪不要问为什么"，今后以此勉励自己，希望能够越努力、越幸运。

黄晓慧

2021年4月于江苏师范大学商学院

图书在版编目（CIP）数据

资本禀赋、政府支持对农户水土保持技术采用行为的
影响研究：基于黄土高原区农户的调查 / 黄晓慧，王礼
力著 . —北京：中国农业出版社，2021.9
（中国"三农"问题前沿丛书）
ISBN 978-7-109-28148-6

Ⅰ.①资…　Ⅱ.①黄…②王…　Ⅲ.①农业用地—水
土保持—研究—中国　Ⅳ.①S157

中国版本图书馆 CIP 数据核字（2021）第 068577 号

资本禀赋、政府支持对农户水土保持技术采用行为的影响研究
ZIBEN BINGFU、ZHENGFU ZHICHI DUI NONGHU SHUITU BAOCHI
JISHU CAIYONG XINGWEI DE YINGXIANG YANJIU

中国农业出版社出版
地址：北京市朝阳区麦子店街 18 号楼
邮编：100125
策划编辑：闫保荣
责任编辑：王秀田
版式设计：王　晨　责任校对：周丽芳
印刷：北京中兴印刷有限公司
版次：2021 年 9 月第 1 版
印次：2021 年 9 月北京第 1 次印刷
发行：新华书店北京发行所
开本：700mm×1000mm　1/16
印张：16.5
字数：280 千字
定价：58.00 元